Organizació
del transport
de mercancía

Paraninfo

Organización del transporte de mercancías

Gerente Editorial
María José López Raso

Equipo Técnico Editorial
Paola Paz Otero
Sofía Durán Tamayo

Editora de Adquisiciones
Carmen Lara Carmona

Producción
Nacho Cabal Ramos

Diseño de cubierta
Ediciones Nobel

Preimpresión
Montytexto

1.ª edición, 2022. 1.ª reimpresión, 2025

C/ Sierra de Guadarrama 35. Naves 2, 3, 4 y 5
Polígono Industrial San Fernando II
28830 San Fernando de Henares
Teléfono: 914 463 350
clientes@paraninfo.es / www.paraninfo.es

ISBN: 978-84-283-4439-5
Depósito legal: M-12584-2022

(32567)

Impreso en España /*Printed in Spain*

Tórculo Comunicación Gráfica, S.A.

La editorial recomienda que el alumnado realice las actividades sobre el cuaderno y no sobre el libro.

Presentación

Este libro desarrolla los contenidos del módulo profesional de **Organización del Transporte de Mercancías,** del Ciclo Formativo de grado superior en Transporte y Logística, perteneciente a la familia profesional de Comercio y Marketing.

Las unidades del libro se acompañan de multitud de **recursos didácticos** que ayudarán al futuro técnico a comprender la materia y acercarlo a su inminente realidad laboral:

- Desarrollo del currículo oficial.
- Lenguaje claro y sencillo que favorece la comprensión.
- Explicaciones exhaustivas y rigurosas, pero también amenas y asequibles.
- Numerosos ejemplos prácticos extraídos de la realidad actual que vive el sector.
- Legislación totalmente actualizada.
- Actividades propuestas y resueltas intercaladas con la teoría.
- Recuadros con información complementaria.
- Tablas y fotografías explicativas que acercan al alumnado a la realidad de su especialidad.
- Mapas conceptuales para fijar y repasar todo lo aprendido en cada unidad.
- Actividades finales de distinto tipo para revisar que se han asimilado los conceptos expuestos en cada unidad.

Este libro dispone de los siguientes **materiales y recursos** disponibles en línea para el **profesorado** que confirme su adopción como libro de texto para impartir la materia:

- **Programación didáctica.**
- **Solucionario.**
- **Presentación de aula.**
- **Examina.**
- **LDP (Libro Digital Proyectable).**

Contenido

Unidad 1

Introducción

En la actualidad, el transporte de mercancías está alcanzando niveles de actividad no vistos con anterioridad, especialmente en cuanto se refiere a la entrega de productos terminados directamente al cliente final. Ello es debido, con toda seguridad, al crecimiento histórico que ha propulsado la digitalización de la economía mundial, pero también a la constante inversión en infraestructuras logísticas que tiene lugar en la mayor parte del mundo.

EL SECTOR DEL TRANSPORTE TERRESTRE

Contenidos

1.1. El sector del transporte terrestre

1.2. Tipos de infraestructura en el transporte de mercancías

Objetivos

- Identificar las reglas relativas a la organización del mercado del transporte de mercancías por carretera, a los despachos de flete y a la logística.
- Relacionar las distintas categorías de auxiliares de transporte con sus funciones y su estatuto.
- Elaborar organigramas del conjunto del personal en función de los distintos tipos de organización de una empresa de transporte de mercancías y organizar planes de trabajo.
- Relacionar las fases y operaciones del proceso de prestación del servicio de transporte de mercancías con los medios, equipos y recursos humanos que intervienen en él.

En síntesis, puede afirmarse que la estructura en España del mercado del transporte se caracteriza por un fuerte nivel de **atomización** de empresas y organizaciones muy distintas, en función de la dimensión y capacidad de la flota disponible, con especial relevancia de la pequeña empresa y del empresario individual, y está ubicada en gran parte en el este de la Península.

Actividad propuesta 1.1

Material: Herramientas ofimáticas.

Contexto: Estructura empresarial del transporte.

Cuestiones:

a) Averigua y toma nota del significado de las siglas CNAE.
b) Accede a la web del Instituto Nacional de Estadística.
c) Consulta a qué grupo de la CNAE pertenece la actividad del transporte.
d) ¿El servicio de mudanza de muebles y enseres domésticos está considerado transporte incluido o excluido del grupo CNAE?
e) ¿Cuántas empresas dedicadas al transporte de mercancías estaban censadas en el año 2018?
f) ¿Cuántas de ellas estaban dedicadas al transporte de reparto o recogida?

1.1.2. PIB y población ocupada en el transporte terrestre

Recientes estudios de la Dirección General de Transporte del Ministerio de Fomento cifran la participación de las operaciones de transporte y almacenamiento (excluidas las actividades de correos), en el **3,9 %** del producto interior bruto de España, del cual el transporte terrestre por carretera y por ferrocarril supone un **2 %.**

La cifra de facturación total en España del transporte por carretera y servicios de mudanza ascendió en 2018 a 34 462 millones de euros, cantidad que indica el gran impacto que significa sobre el PIB. Casi el 40 % de esta facturación se produjo por servicios a otros clientes transportistas o consignatarios y otro 26 % a clientes de producción industrial. El resto de los sectores a quien se realizan transportes queda más repartido.

En cuanto la ocupación laboral, un estudio de la Asociación del Transporte Internacional por Carretera (ASTIC) destaca a España como el país después de Francia y Polonia que más puestos de trabajo directos genera, casi 250 000, presentando además una fuerte demanda, especialmente para el transporte internacional. Ello es debido, en gran parte, a que el 75 % de las ventas a la Unión Europea y exportaciones son de mercancías que viajan por carretera.

Número de asalariados en las empresas de transporte (2018)	N.° asalariados	%
Sin asalariados	58 011	55,9 %
De 1 a 2 asalariados	27 765	26,8 %
De 3 a 50 asalariados	17 490	16,9 %
Más de 50 asalariados	507	0,5 %
Total	**103 773**	**100,0 %**

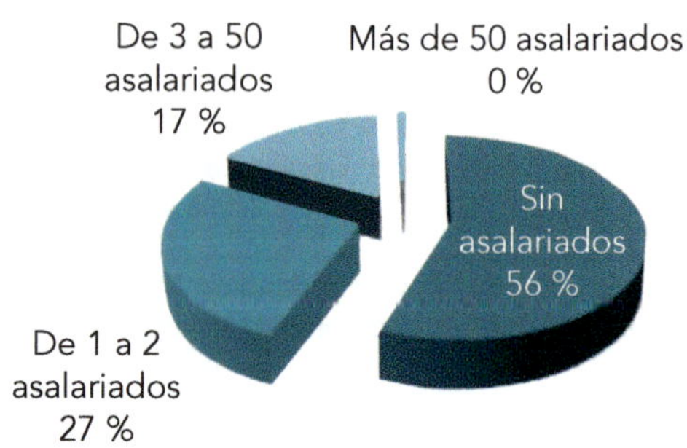

Figura 1.3. Ocupación en el sector del transporte terrestre público y privado en España.

Actividad propuesta 1.2

Material: Herramientas ofimáticas.

Contexto: Estructura empresarial del transporte.

Cuestiones:

a) Accede a la web del Instituto Nacional de Estadística.
b) Consulta los datos relativos al transporte por carretera en 2018 y averigua cuál es la aportación de los empresarios individuales autónomos.
c) ¿Qué porcentaje del PIB es atribuible al transporte por carretera?
d) ¿Cuál es la población ocupada directa en la actividad de reparto o recogida?
e) De la población ocupada directa en reparto y recogida, ¿qué parte representan los autónomos?

1.1.3. Otros datos de interés sobre el transporte terrestre

Las infraestructuras reales en España disponibles para el transporte en el año 2021, en las que debe basarse cualquier estudio sobre la organización del transporte, eran las que recoge la siguiente tabla:

Tabla 1.1. Disponibilidad de estructuras logísticas, en kilómetros

Estructura	Disponibilidad
Red de carreteras	26 392 km
Red ferroviaria	15 327 km
Estaciones de ferrocarril	1458
Aeropuertos	46
Puertos de interés general	46

En cuanto al número de empresas dedicadas al transporte público de mercancías era de 101 499, totalizando una oferta de vehículos de 353 765, de ellos 247 491 considerados vehículos pesados. Ello supone una media de 3,5 vehículos por empresa, de ellos una media de 2,4 considerados pesados. Según datos publicados correspondientes a 2018, se transportaron 1268 millones de toneladas de mercancías de todas clases y naturalezas.

En relación con el transporte de mercancías por ferrocarril, se transportaron 28,3 millones de toneladas netas.

Actividad propuesta 1.3

Material: Herramientas ofimáticas.

Contexto: Infraestructuras disponibles para el transporte.

Cuestiones:

a) Localiza información sobre infraestructuras disponibles en un país de la Unión Europea, a elegir, detallada por carreteras, red ferroviaria, aeropuertos, etcétera.
b) Por grupos de trabajo u otra metodología docente adecuada, forma cuadros comparativos de las estructuras de los países elegidos con otros compañeros/as.
c) Busca el PIB de cada uno de los países incluidos en el trabajo y realiza un estudio comparativo entre el PIB y las redes de transporte.
d) Elabora un informe con las conclusiones que hayas extraído.

1.2. Tipos de infraestructura en el transporte de mercancías

En relación con las infraestructuras que utiliza, el transporte de mercancías debe analizarse contextualizado con las cadenas de suministro de las que forma parte integrada. Las cadenas de suministro, tradicionalmente regidas por la idea simple de almacenar la mayor cantidad de mercancías posible en el espacio disponible, han experimentado en los últimos años una evolución hacia modelos estructurales donde el **centro logístico** pasa a ser de importancia vital en los sistemas de transporte, almacenamiento y distribución.

1.2.1. Instalaciones, servicios y centros integrados de mercancías

Los centros logísticos son estructuras diseñadas específicamente para la obtención de la máxima **eficiencia** en el almacenaje de las mercancías y en los procesos de distribución, carga y transporte a los puntos de destino.

Este tipo de estructuras se configuran de forma distinta según necesidades sectoriales, pero mantienen algunas características en común:

- En ellos participan empresas de transporte, proveedores de servicios logísticos y empresas productoras o comercializadoras de productos.
- Su objetivo principal es la obtención de los beneficios generados por **sinergias** a partir de la estrecha cooperación entre las empresas participantes.
- Se utilizan para envíos de carga intermodal mediante la combinación de conexiones entre servicios de carretera y ferrocarril.

Los centros logísticos, desde los más simples hasta los grandes centros de distribución internacional, operan en función de una idea de **distribución resolutiva con los mínimos costes;** para ello, disponen de almacenes, muelles o infraestructuras destinadas a la carga y descarga de mercancías, oficinas y servicios para el transporte.

Sabías que

La industria 4.0 es el último y moderno avance en la cadena de logística y suministro, concretamente relaciona el área de producción de una compañía con otros conceptos concernientes a la tecnología, como es la **RFID** (identificación por radiofrecuencia), **IoT** (internet de las cosas) y **comunicación M2M** (entre máquinas), etcétera.

Figura 1.4. Vista aérea de un centro logístico 4.0. Estas áreas logísticas operan con la distribución y el transporte al más alto nivel.

Existen distintos tipos de estructuras de centros logísticos, variables en función de las necesidades atendidas, como se explica a continuación. No obstante, en muchos ejemplos reales, las estructuras logísticas se combinan entre sí, formando enormes complejos logísticos donde la denominación carece de relevancia, como ocurre con el Puerto de Barcelona. Pueden distinguirse las siguientes estructuras:

A) Almacenes

La organización del transporte tradicional supone que todas las empresas dedicadas a la producción o a la comercialización de productos deben contar con un espacio o local donde colocar sus mercancías, dispuestas para el proceso que deben seguir hasta alcanzar el cliente final o consumidor. En este espacio o local, denominado genéricamente almacén, se disponen y preparan por medio de equipos humanos y técnicos para regular los movimientos de entrada y salida de la forma más coordinada posible.

Las tareas que se llevan a cabo en un almacén se inician en la recepción de las mercancías y su verificación, para seguir con el transporte interno y almacenaje en la ubicación adecuada, de acuerdo con el diseño estratégico del proceso de almacenaje y custodia establecido por la empresa. El proceso continúa con la preparación de los pedidos recibidos y su adecuación según criterio de unidad de destino, para terminar con la carga y expedición.

Figura 1.5. Almacén logístico. Juega un papel fundamental en la cadena logística y de suministro. Optimizan costes y dan un servicio de gran valor a las empresas que los contratan como depositarios porque dan entrada a la mercancía, la comprueban y preparan los pedidos solicitados para darles salida.

B) Centros de distribución

El concepto de almacén descrito se corresponde a una utilización de guarda y custodia de las mercancías hasta su expedición efectiva, con un alto rango de permanencia de los *stocks*, dependiendo del ciclo de venta medio de los productos almacenados, y no incluye relación con el cliente final. A partir de este proceso, los avances tecnológicos han permitido evolucionar los sistemas logísticos hacia estructuras avanzadas y eficientes, como son los **centros de distribución,** los cuales incorporan sofisticadas técnicas de gestión del flujo de las mercancías y permiten iniciativas de mayor valor añadido en relación con el almacén tradicional.

Las actividades del centro de distribución incluyen funciones diferenciadas del almacén, tales como:

- Recogida y clasificación de los pedidos recibidos, hasta su llegada a las instalaciones.
- Almacenaje con localización permanente de los productos mediante GPS.
- Empaquetado propio del centro de distribución, con marca diferenciada y propia del centro de distribución.
- Envío de alta velocidad, acompañado de comunicaciones al cliente que permiten realizar el seguimiento de su pedido.
- Gestión avanzada de las devoluciones y los reembolsos.

Los grandes centros de distribución, en su papel de intermediarios entre el proveedor y el cliente, son el elemento clave en la logística del comercio electrónico, ya que son capaces de ejecutar el proceso completo en tiempos muy reducidos a un coste razonable, además de obtener otros beneficios, como la optimización del sistema de cobro. Ejemplos: Amazon, El Corte Inglés, Carrefour, Dia, son modelos de compañías que disponen de varios centros de distribución, repartidos estratégicamente por todo el país, en los cuales se basa todo su negocio de venta en línea.

Figura 1.6. Centro de distribución del gigante mundial Amazon.

C) Zonas de Actividad Logística (ZAL)

Las zonas de actividad logística conocidas como ZAL son áreas dedicadas a operaciones logísticas basadas en su cercanía al mar y en la fácil conexión por carretera y ferrocarril.

En las ZAL se ofrecen servicios logísticos destinados a las empresas dedicadas al comercio nacional e internacional, la concentración de los cuales supone facilidad de acceso, mejora de la competitividad y reducción de costes:

- Alquiler de naves, contenedores y maquinaria logística especializada.
- Transportes especiales (peligrosos, frágiles, frigoríficos, etc.).
- Agilización de los procesos documentales de la inspección y control sanitario.
- Acceso directo a la red multimodal FF.CC. y *Short Sea Shipping*.

Son ejemplos la ZAL de Asturias, integrada por los Puertos de Avilés y Gijón, el Puerto de Barcelona y la Bahía de Algeciras.

Figura 1.7. ZAL de Algeciras. Se extiende a lo largo de 125 hectáreas destinadas a distribución integrada de mercancías a nivel internacional.

D) Centros Integrados de Mercancías (CIM)

Los centros integrados de mercancías, también conocidos como «ciudades del transporte» constituyen un conjunto de equipamientos e instalaciones dispuesto para prestar servicios a todos aquellos agentes relacionados con el transporte terrestre: agencias, operadores logísticos, almacenistas e industriales. En ellos es posible realizar tareas de mantenimiento de los vehículos, contratación y subcontratación, almacenaje, servicios de carga completa, así como acceso a servicios telemáticos, financieros, de seguros, gestoría y restauración, en un entorno de seguridad y vigilancia de las mercancías.

Los centros integrados de mercancías (CIM) son sociedades anónimas privadas de capital público, comúnmente dependientes de la comunidad autónoma o de la administración local. Como ejemplos de CIM, podemos destacar el Centro Integrado de Mercancías de Valladolid-Centrolid, la Ciudad del Transporte de Pamplona, la Ciudad del Transporte de Poniente en Almería o la propia de Zaragoza, el Centro Internacional de Transportes (CTC) en Madrid, entre otros.

Figura 1.8. CTC, en la ciudad de Coslada (Madrid).

E) *Hubs* logísticos

Los *hubs* logísticos, también acreditados como centros neurálgicos o nodos de transporte, son enormes centros de **distribución internacional** en los que se centralizan sistemas de transporte, almacenamiento y servicios en las cercanías de grandes aeropuertos, de modo que la transferencia de mercancías de entrada y salida internacional se lleva a cabo con gran rapidez y efectividad. Estos sistemas centralizados son aprovechados por las empresas implicadas para conseguir reducir costes, aumentar la productividad y ofrecer una respuesta dinámica y flexible a los mercados.

Estos nodos de carga compiten entre sí para atraer la atención de grandes grupos empresariales de todo el mundo, en la medida que el enorme volumen de mercancías con las que opera reduce los costes producidos por las distancias y justifica una mayor operatividad. En los últimos años, han sido los grandes *hubs* logísticos desarrollados en Asia, especialmente en Hong Kong, Guangzhou, Singapur, Seúl y Osaka los más competitivos y de mayor crecimiento, por delante de los aeropuertos de New York y Miami en Estados Unidos y de Múnich, París y Londres en Europa.

Figura 1.9. Flota de camiones esperando ser cargados en un *hub* logístico.

Sabías que

Para que un área logística sea considerada como *hub*, debe reunir ciertos requisitos, como contar con una infraestructura que conecte todo tipo de medios de transporte y que, además, tenga la capacidad de conectarse con otros *hubs*, así como una estructura industrial, equipamientos y tecnología que faciliten todas las operaciones que son necesarias para abastecer a los mercados internacionales, por otra parte, deben estar situados en áreas poblacionales grandes.

París cuenta con el *hub* logístico más importante de Europa.

F) Terminales portuarias y aeroportuarias

Son las infraestructuras con obras civiles como edificaciones y tinglados con las que cuentan cada puerto marítimo y cada aeropuerto dispuestas para acoger la actividad de mercancías y personas en tránsito. Se trata de grandes superestructuras diseñadas específicamente para dar respuesta a las labores que en ellas se llevan a cabo, con lo que cuentan con todos los dispositivos electrónicos, mecánicos y eléctricos necesarios.

Su gestión puede ser pública o privada, pero en todos los casos está regulada específicamente en aquellos aspectos que inciden en la calidad de vida de la región, como sucede con la generación de ruidos, elementos contaminantes y afectación al medioambiente natural.

Figura 1.10. Puerto logístico de Valencia.

Actividad propuesta 1.4

Material: Acceso a internet, herramientas Office.

Contexto: Impacto medioambiental del proyecto 2021 de ampliación del aeropuerto del Prat de Llobregat (Barcelona).

Cuestiones:

a) Busca información sobre este proyecto y estudia qué posibles beneficios podría haber supuesto para el desarrollo económico y el comercio internacional, de acuerdo con las manifestaciones de los círculos económicos promotores.
b) Recoge información aportada por colectivos ecologistas y agricultores sobre la posible incidencia sobre el medioambiente y sobre la economía local.
c) Establece un debate en el aula dirigido por el/la docente en el que se defiendan ambas posiciones.
d) Redacta un informe final en el que deben quedar recogidas todas las ventajas e inconvenientes del proyecto.
e) Emite una conclusión definitiva, en la que quede expresada la opinión mayoritaria del alumnado, a la vista de las razones estudiadas.

Actividades finales

De comprobación

1.1. ¿Qué característica destaca en el transporte terrestre?

a) El dominio del mercado por parte de empresas multinacionales.

b) La importante presencia del sector público.

c) Que está formado por pequeño empresariado.

d) Que sea un mercado con escasa competencia.

1.2. ¿Cuál es la forma más frecuente de trabajo, aunque no única, del transportista autónomo?

a) La colaboración con organizaciones de mayor tamaño.

b) La contratación laboral temporal o indefinida.

c) El transporte lanzadera o de viajes repetidos.

d) El transporte a larga distancia punto a punto.

1.3. ¿Cuánto aporta al PIB la actividad de transporte y almacenamiento?

a) Menos del 2 %.

b) Entre el 2 % y el 5 %.

c) Más del 5 %.

d) No se dispone de cifras.

1.4. ¿Cuál es la forma jurídica más común en el sector del transporte?

a) Empresario individual.

b) Sociedades de responsabilidad limitada.

c) Sociedades anónimas.

d) Cooperativas de transporte.

1.5. ¿Cómo se denominan las zonas de actividad logística cercanas al mar?

a) Centros integrados de mercancías (CIM).

b) *Hubs* logísticos.

c) Almacenes marítimos.

d) Zonas de actividad logística (ZAL).

1.6. ¿Qué son los puertos secos?

a) Infraestructuras de enlace entre trenes y barcos.

b) Infraestructuras de enlace entre camiones y buques.

c) Infraestructuras de enlace entre aviones y camiones.

d) Infraestructuras de enlace entre trenes y camiones.

1.7. Señala la definición más acertada de «consignar», referente a mercancías:

a) Entregar las mercancías a manos de un agente o comisionista.

b) Embarcar mercancías en una nave para su transporte.

c) Llevar unas mercancías de un lugar a otro.

d) Almacenar las mercancías en un lugar seguro.

1.8. De las siguientes definiciones, ¿cuál de ellas define mejor el concepto de *shipbroker*?

a) Empresa propietaria de buques y naves adecuadas para el transporte internacional marítimo.

b) Empresa arrendataria de buques y naves, para la misma finalidad.

c) Empresa coordinadora del proceso de descarga y distribución del grupaje.

d) Empresa o agente intermediario que proporciona relaciones con armadores.

1.9. ¿Qué concepto de los siguientes no es correcto?

a) El armador es propietario del buque de transporte.

b) El desconsolidador coordina las reservas de espacio libres.

c) El estibador se encarga de la carga y descarga en el transporte marítimo.

d) El consignatario busca las mejores opciones disponibles para un transporte por vía marítima.

1.10. ¿Cuál es la función de un agente consolidador?

a) Establecer contactos estables con armadores.

b) Coordinar las reservas de espacio en los contenedores.

c) Unir en un solo puerto distintas procedencias.

d) Enlazar destinos marítimos.

1.11. ¿En qué intervenciones de transporte se especializan los transitarios?

a) Transporte local.

b) Transporte nacional.

c) Transporte internacional.

d) Transporte comunitario.

1.12 ¿Cuándo no es necesaria la autorización de operador de transporte (OT)?

a) En el transporte de mercancías privado ligero.
b) En el transporte de mercancías privado pesado.
c) En el transporte de mercancías público ligero.
d) En el transporte de mercancías público pesado.

1.13. ¿Por qué norma está regulado el arrendamiento de vehículos de transporte?

a) Normativa municipal.
b) Normativa autonómica.
c) Normativa estatal.
d) Normativa de la Unión Europea.

1.14. ¿Qué sentido tiene la estructuración de las empresas de transporte por departamentos?

a) La consecución de mayor beneficio económico.
b) La mejora de la competitividad.
c) La especialización del trabajo.
d) El mantenimiento de la productividad.

1.15. ¿Cuál es la estructuración departamental más correcta?

a) Por zonas territoriales.
b) Por tipología de los clientes.
c) Por canales de distribución.
d) Todas las respuestas anteriores son correctas.

1.16. ¿Cuáles son los valores más apreciados en un transportista?

a) Fuerza física, corpulencia.
b) Experiencia, fiabilidad.
c) Simpatía, empatía.
d) Moderación, prudencia.

1.17. El transporte multimodal:

a) Combina distintos medios de transporte.
b) Se adapta a las modas a lo largo del tiempo.
c) Trabaja con múltiples tipos de mercancías.
d) Ofrece precios multimodales.

1.18. ¿Qué se entiende por cotizar en la gestión del transporte?

a) Gozar de prestigio contrastado.
b) Comprar y vender acciones.
c) Ofrecer un precio por el servicio.
d) Adquirir notoriedad.

1.19. Los mayores condicionantes al solicitar cotización son:

a) Calidad del servicio.
b) Coste, disponibilidad.
c) Velocidad en la entrega.
d) Fiabilidad.

De aplicación

1.20. Consulta la web del Instituto Nacional de Estadística y extrae datos de 2018:

a) Número de empresas totales incluidas en el sector del transporte.
b) Número de empresas con una plantilla de 100 o más empleados. ¿Qué porcentaje suponen de la actividad total, en términos de cifra de negocios?
c) Número de empresarios individuales autónomos, ¿qué porcentaje suponen de la actividad total, en términos de cifra de negocios?
d) En relación con el transporte de paquetería hasta 20 kg, ¿qué cifra de negocios se alcanzó?

1.21. En relación con el PIB del año 2018 y los datos del INE:

a) Desglosa los 34 462 millones de euros que aportó al PIB el sector del transporte según especialidad (normal, de reparto, de paquetería, etc.).
b) ¿Qué aportación supusieron al PIB las actividades logísticas tales como servicios de almacenamiento y organización del transporte?
c) ¿Qué participación tuvieron en el PIB las empresas de transporte de 100 o más empleados?
d) En cuanto al transporte considerado como normal a efectos estadísticos, ¿cuál fue su aportación al PIB?

1.22. Descarga de la web del INE las cifras estadísticas de 2018 relativas al transporte, después construye, con la ayuda de una hoja de cálculo, lo siguiente:

a) Un cuadro en el que quede relacionado el número de empresas dedicadas al transporte con su cifra de negocios, desglosado por tramos según el número de personas ocupadas: menos de 2, de 2 a 4, de 5 a 19, de 20 a 99, más de 99, en valores absolutos y en valores relativos.

b) Un cuadro en el que quede desglosada la cifra de negocios total en tipos de servicios de transporte prestados, en valores absolutos y el porcentaje de cada tipo de servicio respecto al total.

c) Comenta los aspectos que creas más relevantes de aquellos que hayas identificado.

d) Prepara una diapositiva en PowerPoint o aplicación análoga acerca de la estructura del transporte terrestre en España y coméntala con el conjunto del alumnado presente en el aula.

1.23. De las siguientes afirmaciones, señala aquellas que sean verdaderas y las que sean falsas, sin consultar el texto:

a) Las zonas de actividad logística (ZAL) son áreas situadas en los alrededores de las grandes ciudades, lo cual permite sinergias positivas en el transporte.

b) Los centros integrados de mercancías (CIM) son sociedades privadas de capital público.

c) Los *hubs* logísticos son centros de distribución de mercancías creados para abastecer las zonas de difícil acceso.

d) Los «puertos secos» son puntos de enlace entre el transporte ferroviario y el de carretera.

1.24. Consulta las distintas páginas web de las empresas detalladas a continuación, identifica su actuación principal y sitúala en alguna de las categorías expuestas en el texto relativas a la estructura del transporte terrestre:

a) Ferros PG. Productos Generales del Hierro, SL.

b) Talleres ECI Calderería y Construcciones Metálicas.

c) Compañía Logística Acotral, SA.

d) Envialia.

1.25. Con la ayuda del *smartphone*:

a) Identifica al menos tres empresas europeas para cada una de las siete categorías descritas en el texto como agentes del transporte marítimo.

b) Identifica al menos tres empresas españolas para cada una de las cuatro actividades auxiliares del transporte con funciones de intermediación.

c) En los casos en que ello sea posible, anota aquellos datos relevantes de las empresas seleccionadas que permitan conocer su grado de presencia en el mercado (cifra de facturación, número de empleados, etc.).

1.26. Descarga un modelo de contrato de arrendamiento de vehículos de transporte y comprueba:

a) Quién debe asumir la reposición de cualquier elemento del vehículo que resultase averiado por causas imputables al arrendatario.

b) Qué debe hacerse en caso de que el arrendatario desee conservar el vehículo por tiempo superior al convenido en el contrato.

c) Qué debe hacer el arrendatario en caso de accidente.

d) Cómo debe medirse el kilometraje en caso de avería en el cuentakilómetros.

1.27. Contacta con el tutor de empresa asignado y comenta las siguientes cuestiones, recogiendo las informaciones que recibas sobre:

a) ¿Qué denominación propia en esta empresa reciben los equipos de trabajo?, ¿se corresponde con alguna de las opciones descritas en el texto (Apartado 1.2.4)?

b) Compara los tres grupos descritos en el texto (producción, comercialización, auxiliares) con la organización real que explique el tutor de la empresa en prácticas. Establece coincidencias y no coincidencias u otros detalles relevantes de la organización.

c) Comenta las competencias de un mando intermedio en esta empresa y observa en qué medida se ajustan o difieren a las indicadas en el texto.

d) De las distintas opciones descritas en el texto como «divisiones», ¿la organización de la empresa donde se realizan las prácticas sigue un esquema similar? Establece comparaciones.

1.28. En relación con la planificación de recursos propuesta en el texto (Apartado 1.3.1), compuesta por tres valores considerados sustanciales, realiza lo siguiente:

a) Debate en el aula cuál de los tres podría ser el elemento más importante o prioritario en la toma de decisiones y cuál el segundo en importancia relativa.

b) Propón otros atributos, competencias o valores que creas adecuados para un transportista, susceptibles de ser estimados para una posible contratación.

c) Añade a los tres valores propuestos en el texto las demás aportaciones surgidas en el aula y confecciona un esquema en el que queden reflejados distintos grupos de atributos: personales, técnicos, relacionales, cognitivos, otros.

1.29. Relaciona las siguientes situaciones con una o varias de las opciones basadas en las características de cada medio de transporte descritas (Apartado 1.3.1). En todos los casos, explica detalladamente las razones de la elección y las alternativas posibles.

a) Envío de varias cajas de productos alimenticios, totalizando 100 kg, entre dos localidades pequeñas de la Península.

b) Envío no urgente de Bilbao a Sevilla de 10 000 litros de gas licuado.

c) Envío de 500 automóviles desde Valladolid a Santiago de Chile.

d) Envío de un collar de joyas y brillantes, desde Barcelona a Beirut.

e) Envío de varios contenedores con ayuda humanitaria a poblados del interior de África.

f) Envío de medicamentos de consumo libre a diversas capitales europeas.

g) Envío de medicación especial a hospitales dentro de la Unión Europea.

1.30. Dispones de varios paquetes con un mismo destino, de 5, 10, 24 y 26 kg, respectivamente, con un peso total de 65 kg. Su envío suscita las siguientes dudas, las cuales condicionan la solicitud de cotización:

a) ¿Se considera una «carga pesada» según la clasificación de los organismos reguladores?

b) ¿Es necesaria la utilización de un palé para este tipo de envío?

c) ¿Deben marcarse las cajas (todas, algunas, ninguna) con una etiqueta que advierta del peso?

1.31. Distintas compañías dedicadas al transporte presentan públicamente su organigrama interno en la red. Elige una compañía especializada en el transporte de mercancías peligrosas y:

a) Identifica aquellos departamentos, secciones o áreas que sean propias y características del transporte de mercancías peligrosas.

b) Analiza las responsabilidades y relaciones de dependencia entre departamentos y la Dirección en el organigrama elegido. ¿Existen diferencias importantes con el modelo del texto? Comenta y justifica los posibles distintos criterios.

c) Compara los organigramas estudiados con aquellos que se ha tenido oportunidad de conocer en las prácticas realizadas en empresas reales y justifica las posibles diferencias.

1.32. Visualiza el vídeo https://youtube.com/watch?v=Uw1hKf3bUKo y toma nota de cuántos datos aporta:

a) ¿Qué porcentaje de las transacciones mundiales se realizan mediante transporte marítimo?

b) ¿Cuál es el posicionamiento de la Comunidad Autónoma de Andalucía en el comercio internacional?

c) ¿A cuánto ascienden las exportaciones anuales de esta comunidad y de qué productos?

d) ¿Qué actividades relacionadas con las exportaciones se proponen?

«El transporte marítimo internacional, clave en Andalucía»

De ampliación

1.33. En el texto se describen distintos beneficios para el pequeño transportista derivados de la subcontratación. ¿Estás de acuerdo con todos ellos o bien presentarías matices? Argumenta la respuesta y sintetízala en pocas líneas.

1.34. ¿Crees que la organización del transporte actual presenta también desventajas para el pequeño transportista? Enumera las que creas que son más significativas y explica las razones.

1.35. La labor del transporte y almacenaje en España se ejerce en más del 97 % según la forma jurídica de empresario individual o sociedad limitada. ¿A qué crees que es debido? Presenta una respuesta razonada.

1.36. A partir de tu propia experiencia personal, ¿qué mejoras o correcciones sugerirías al Gobierno en relación con las estructuras disponibles para el transporte? Redacta un pequeño argumento bien armado de al menos cinco líneas.

1.37. Busca información acerca del proyecto del Corredor del Mediterráneo. Aporta tu propio criterio acerca de las ventajas e inconvenientes de este proyecto.

1.38. ¿Qué beneficios crees que presenta el centro de distribución comparativamente al envío directo del fabricante al consumidor final? Enumera los que creas más relevantes y exponlos a tus compañeros/as en el aula.

1.39. Compara la estructura empresarial en el transporte terrestre de la actualidad con la estructura que operaba en el siglo XX. ¿Qué elementos son comunes, qué elementos han evolucionado y qué elementos son nuevos?

1.40. En tu opinión, ¿qué ventajas ofrece al transporte internacional la especialización de las funciones de cada agente de la cadena de valor?

1.41. ¿Qué razones crees que llevaron a los legisladores a regular la autorización de operador de transporte (OT)?

1.42. Analiza críticamente los compromisos que asume el arrendatario en los contratos de arrendamiento de vehículos de transporte y comenta si alguno de ellos es prescindible, y por qué en su caso.

1.43. ¿En qué medida la organización por departamentos de una empresa de transporte es análoga a la de cualquier otra empresa? ¿En qué aspectos es completamente distinta?

1.44. En el texto se proponen tres valores que definen a un transportista competitivo. Completa el análisis del texto con otros valores que entiendas que aportan todavía mayor competitividad al ejercicio de esta ocupación profesional.

1.45. Posiblemente, además de la información que más se precisa al solicitar cotización de un transporte, coste y disponibilidad, existan más necesidades o más requisitos que el fabricante o distribuidor busque en un agente logístico. Formula diferentes propuestas distintas de coste y disponibilidad que puedan ser exigidas a un transportista, una agencia u otros agentes logísticos.

1.46. Añade, según tu propio criterio, posibles ventajas competitivas del grupaje, complementarias y distintas a las descritas en el texto.

Actividad propuesta 2.3

Material: Herramientas ofimáticas, acceso a internet.

Contexto: Un consignatario estudia la programación de las salidas prevista para los próximos meses de variedad de mercancías de distintas naturalezas, a fin de reservar los tipos de contenedor que van a ser más adecuados.

Cuestiones: Relaciona la posible adecuación de las siguientes mercancías con alguno de los tipos de contenedor descritos en el texto: gravilla de mármol para la construcción, zapatos de lujo, medicamentos en comprimidos, naranjas, radiadores para la automoción, equipos de radiología para hospitales.

2.2. El departamento de tráfico o de explotación

La organización interna de cada empresa de transportes está relacionada directamente con su dimensión, siendo necesaria una mayor o menor estructura según el volumen de vehículos, personal y servicios que presta. Las relaciones internas no son estáticas, sino que se van formando y modificando a lo largo del tiempo en función de las necesidades de crecimiento y expansión en los mercados; en situaciones de crisis o de retracción de la economía, la estructura interna tiende a la simplificación y el ahorro.

Una empresa modelo, de tamaño medio, estaría estructurada básicamente siguiendo el siguiente esquema:

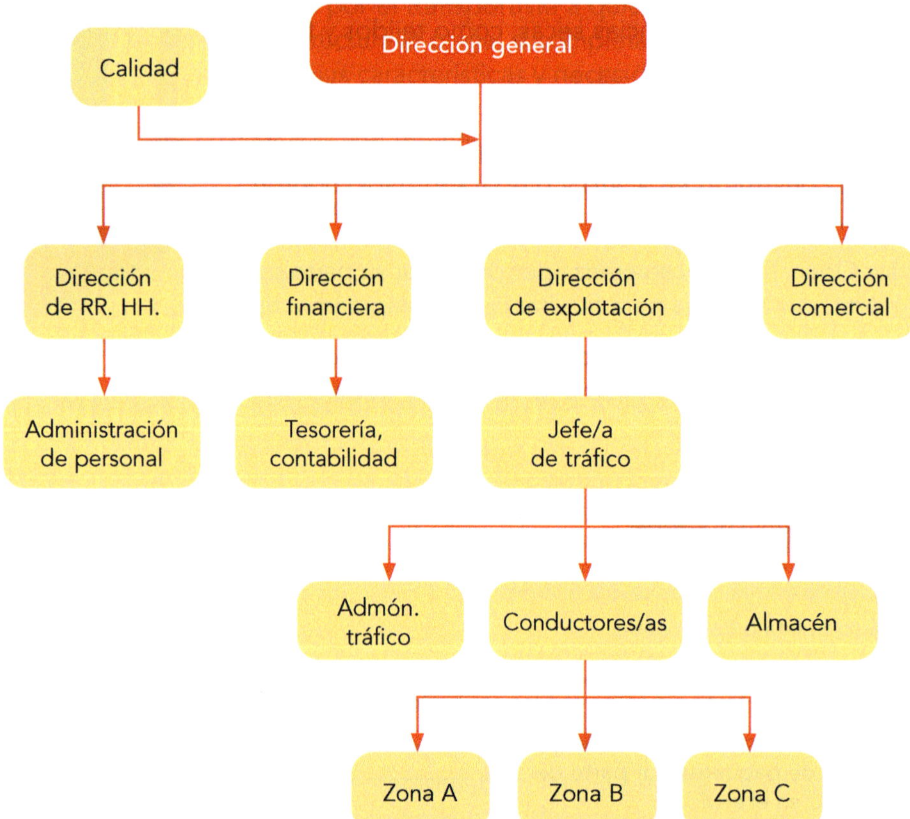

Figura 2.4. Modelo de organigrama de una empresa de transportes.

En primer lugar, se sitúa la **dirección general,** u órgano superior, constituida por los propietarios del capital o bien por personas de su confianza. De conformidad con la forma jurídica, puede existir o no un consejo de administración, representado por un consejero/a delegado/a.

El director general o consejero delegado, en el ejercicio de su deber y de sus competencias, transmite al conjunto de la empresa las directrices que esta debe seguir:

- **Orientaciones** y **líneas estratégicas** generales de la empresa, aprobadas en el consejo de administración y a las que debe ajustar la práctica efectiva del servicio a prestar a los clientes, como líneas generales de actuación:
  a) Ofertar a los clientes un servicio de transporte de mercancías completo y en el que quedan integradas todas sus necesidades.
  b) Ejecutar los servicios que le son contratados desde una óptica de máxima calidad.
  c) Observar el respeto al medioambiente en la prestación del servicio.
  d) Proporcionar a los empleados y empleadas posibilidades de desarrollo personal y profesional.
- Indicaciones sobre los **objetivos a cumplir** en todas las áreas ejecutivas:
  a) Facturación anual que alcanzar, basada en la fidelización de la cartera de clientes actual y en el crecimiento a partir de nuevas rutas, nuevos destinos, nuevos clientes y modalidades de transporte.
  b) Productividad por unidad de carga o equipo de trabajo, estimada en términos de máxima ocupación del espacio disponible.
  c) Indicadores de calidad, a partir del análisis de los tiempos medios empleados en la ejecución del viaje, minimización de retrasos en las entregas y reducción de incidentes.
  d) Actualización permanente en herramientas tecnológicas para la gestión en tiempo real de la posición, consumo, tiempo de conducción y emisiones, control de la temperatura si corresponde (*live tracking*).
  e) Objetivos de sostenibilidad, de acuerdo con la reducción de emisiones contaminantes, mediante el uso de motores más eficientes y carburantes más limpios.
- **Presupuesto económico** disponible, que no debe superarse excepto que esté plenamente justificado por causas extraordinarias o por un aumento de trabajo generador de nuevos ingresos.

Actividad propuesta 2.4

Material: Herramientas ofimáticas, acceso a internet.

Contexto: Análisis del departamento de explotación de una empresa de transportes.

Cuestiones:

a) Consulta en InfoJobs las ofertas disponibles de directivos de una empresa de transportes.
b) Compara las funciones y competencias exigidas con las propuestas en el texto. Comenta por escrito las posibles diferencias y las concordancias.
c) Añade, en caso necesario, las funciones y competencias reales que se exigen, para complementar el texto.

El núcleo principal dentro del organigrama de una empresa de transportes es el **departamento de tráfico o de explotación.** En el mismo sentido que en una empresa productiva el departamento de explotación se refiere a los procesos de fabricación y envasado, en la empresa transportista el departamento de explotación se refiere al proceso de carga, transporte y descarga de mercancías.

Funciones del director/a de recursos humanos:

- Definir la política de recursos humanos en conjunto con la dirección.
- Confeccionar el presupuesto de formación para empleados.
- Gestionar y preparar los contratos de trabajo.
- Gestionar las altas y bajas (enfermedad, accidente).
- Estar al tanto de la evolución del convenio colectivo para informar a la dirección en caso de que sufra modificaciones.
- Aplicar y realizar el control posterior de la Ley de Prevención de Riesgos Laborales.

Funciones del director/a financiero y jurídico:

- Definir, junto con la dirección, la política económica y financiera anual, informando a los responsables de los diversos departamentos.
- Tener al corriente a la dirección general de la marcha y situación financiera de la empresa.
- Conocer y manejar la legislación concerniente a temas económicos, presupuestarios o de balance.

Funciones del director/a de transporte:

- Diseñar la política comercial junto con la dirección.
- Informar a la dirección de la evolución del mercado y de la competencia.
- Igualar o superar el presupuesto marcado para el año.
- Responsable de la cartera de clientes procurando aumentarla.
- Recoger opiniones de los clientes sobre la calidad del servicio.
- Colaborar en la elaboración de presupuestos.
- Analizar y seleccionar a proveedores propios de su área y aprobar las facturas que emiten.
- Estudiar y seleccionar el tipo de seguro más adecuado.
- Responsable de que las tractoras y plataformas estén en perfectas condiciones para el transporte; así como de que tengan los permisos y revisión al día.
- Visar los siniestros a partir de la revisión del expediente presentado por la sección de averías.
- Responsable de que se cumpla la legislación sobre transporte de mercancías peligrosas por carretera.

Sabías que

Todas las empresas de transporte que realicen labores de carga, descarga, traslado, llenado o embalado de mercancías que el ADR considera peligrosas, salvo si están exentas, deben nombrar al menos a un **consejero de seguridad** y designarlo ante la administración competente. Puede ser alguien interno o externo y será la persona encargada de eliminar o disminuir los riesgos para las personas y medioambiente que suponga la movilización de este tipo de mercancías.

Personal administrativo:

- Preparar nóminas, órdenes de transferencia, pagos a proveedores, etcétera.
- Realizar el control de horas extraordinarias.
- Elaborar las declaraciones reglamentarias de personal: TC1 y TC2.
- Realizar el parte de accidentes de trabajo.
- Cumplimentar la documentación obligatoria que pueda solicitar una mutua.

Personal de contabilidad:

- Gestionar el cobro y pago de los reembolsos, preparar liquidaciones, mantener al corriente la cartera de efectos.
- Realizar la previsión del gasto mensual.

- Preparar y revisar las facturas y otros documentos para enviar a clientes.
- Solicitar la conformidad de las facturas a los responsables de departamento.
- Gestionar las facturas devueltas, listar y contabilizar los rectificativos, abonos o cambios de lugar de cobro correspondientes.
- Informar al director financiero sobre los pagos pendientes, facturas devueltas, aplazamiento de vencimientos, etcétera.
- Controlar y contabilizar los pagos de los clientes.
- Abrir y puntear las cuentas de clientes, mantener su ficha al día y reclamar las facturas o rectificativos impagados.
- Contabilizar las facturas de los proveedores.
- Abrir las cuentas de proveedores y mantener su ficha al día.
- Atender las reclamaciones de los proveedores para los pagos.
- Realizar las previsiones de pago a los proveedores, y preparar los pagos que se pueden atender en los bancos correspondientes.
- Preparar los giros y gestionarlos con el banco, cuadre, negociación de remesas, analizar extractos de cuentas, reclamaciones.
- Cuadrar la caja de la empresa.

2.4. Técnicas aplicables a la organización del departamento de tráfico

Ordenar el tráfico de una empresa significa organizar la flota de vehículos que tiene una compañía dedicada al transporte. Esta es una labor fundamental, por eso existe un departamento específico y, al frente de este, se encuentra una persona responsable que controla el parque móvil. Su principal objetivo es distribuir el trabajo de vehículos y conductores para conseguir optimizar tiempos, esfuerzos y rutas obteniendo de este modo maximizar el beneficio.

2.4.1. Organización del trabajo

En este supuesto de empresa modelo, la organización directa del trabajo corresponde a las funciones del **jefe/a de tráfico** o designación análoga, dependiendo de la nomenclatura que sea costumbre en la empresa, bajo la figura del director/a de explotación.

El jefe/a de tráfico asume como responsabilidad máxima de la organización del servicio de transporte a prestar, objeto de la misión de la empresa, desde dos puntos de vista esenciales:

- La **optimización** de los movimientos de los vehículos y equipos, con la misión de obtener la máxima **productividad.**
- La **eficiencia** del trabajo, en el sentido de llevarlo a cabo con la máxima calidad y utilizando la menor cantidad de recursos.

Entre sus funciones habituales se encuentran las siguientes:

a) Supervisión de la disponibilidad y de las óptimas condiciones de trabajo de los vehículos y equipos.

b) Interacción directa con el cliente, a fin de concretar las condiciones de carga (lugar, horarios, equipos de soporte) más convenientes, de acuerdo con la disponibilidad y localización de los vehículos.

c) Interacción directa con los conductores y ayudantes, a los que indica las instrucciones del servicio y tiempos de entrega.

d) Resolución, en su caso, de las incidencias de cualquier naturaleza que puedan producirse en todo momento, con criterio, ordenamiento y eficacia.

e) Manejo de las órdenes de transporte, tarifas, información sobre posibles incidencias en carretera, como bloqueos, derrumbamientos, controles, etcétera.

En estrecha colaboración con el jefe/a de tráfico, el **administrativo/a de tráfico** es el responsable de ofrecer la cotización o tarifas del transporte solicitado, al recibir los encargos.

Entre sus tareas se encuentran las siguientes:

a) Comprobación de albaranes y certificados, asegurándose de que la documentación es completa, inteligible y no presenta ninguna incidencia o falta.

b) Elaboración del proceso de facturación y gestión de cobro, de acuerdo con las condiciones concertadas.

c) Control del archivo físico y digital de contratos, albaranes, facturas y certificados.

Figura 2.7. Departamento de tráfico de una compañía internacional de transporte de mercancías, monitoreando rutas.

Dentro de la estructura funcional de la empresa de transporte, los **chóferes y mozos/as de almacén** conforman la parte de producción directa. Ambas funciones colaboran estrechamente en la manipulación de la carga y garantizan que no sufra ninguna clase de desperfectos.

Las responsabilidades propias de estas ocupaciones laborales son:

a) Recogida o entrega de los contenedores, vacíos o llenos según el caso, en el origen o el destino o muelle de carga.

b) Detección de posibles diferencias en el peso y volumen real y el previsto en el albarán, según el tipo de mercancías.

c) Comunicación inmediata de incidencias.

d) Manejo de albaranes de entrega y de recogida, gestión de permisos de transporte, tanto personales como del vehículo, tutela de facturas comerciales, documentación de mercancía peligrosa si procede, justificantes de cobros al contado, en su caso.

Esta distribución de funciones dentro y fuera de la empresa va unida tradicionalmente a la distribución de responsabilidades, que a su vez van unidas a las competencias de cada persona. Queda establecida así una jerarquía plasmada en un organigrama, la cual permite fijar y mostrar, con claridad y a todos los niveles, la organización de la empresa. Esta estructura, en sus distintas interpretaciones y adaptaciones, refleja también las escalas previstas en los convenios colectivos para la retribución salarial.

No obstante, el desarrollo constante de las nuevas tecnologías ha aportado numerosos matices a la organización jerárquica de la empresa logística. En la actualidad, se tiende establecer los **procesos** como base organizativa, en la que cada función está integrada en una **cadena de valor** con el objetivo último de cumplir las expectativas del cliente.

En la empresa de transporte modelo, el **proceso** que forma la **cadena de valor** está formado esencialmente por las siguientes funciones:

- Las tareas de recogida y carga de las mercancías en origen.
- El desplazamiento o acarreo en todo el recorrido.
- La descarga y entrega formal de las mercancías en su destino.
- Los trámites administrativos (recepción de encargos de servicio, trámites oficiales, facturación, cobro, contabilidad, fiscalidad).

Todo el conjunto de actuaciones está incluido en los conceptos de cadena de valor y de proceso integrados, en los que cada elemento o función asume su responsabilidad en su participación. La organización del trabajo toma así, actualmente, una dimensión **menos jerárquica,** más dinámica y de mayor colaboración entre equipos, acorde con la era tecnológica.

Actividad propuesta 2.6

Material: Herramientas Office.

Contexto: Tendencias actuales en la organización de las empresas de transporte importantes.

Cuestiones:

a) Amplía información sobre el concepto de *proceso*, en el sentido de producción empresarial y de gestión organizativa; busca al menos tres formas de explicar el concepto dentro del transporte y compáralas. Comenta por escrito los resultados.

b) Amplía información sobre el concepto de *cadena de valor*, desde el sentido más general hasta el más concreto y adaptado a una empresa de transportes; busca también al menos tres formas de explicar el concepto dentro del transporte y compáralas entre sí. Sintetiza en unas líneas la idea adquirida.

Actividad propuesta 2.7

Material: Herramientas ofimáticas, acceso a internet.

Contexto: El departamento de explotación, organigrama y estructura de recursos humanos.

Cuestiones:

a) Compara la estructura de recursos humanos propuesta como modelo en el texto, con la real de la empresa donde realizas las prácticas. ¿Los cargos y las funciones reciben la misma denominación?

b) Establece, cargo por cargo, un cuadro comparativo, estructurado en dos columnas, en el que se visualicen con claridad las posibles diferencias en cuanto a funciones y competencias.

c) Añade funciones concretas que creas que son adecuadas a cada perfil laboral.

En líneas generales, sigue los siguientes pasos:

- Cálculo del promedio por elemento (acción, ruta, proceso de carga, descanso, etc.).
- Adición de suplementos.
- Suavización por frecuencia.
- Determinación del tiempo estándar.

Actividad propuesta 2.9

Materiales: Herramientas Office.

Contexto: Estimación de tiempos en tareas relacionadas con el transporte. Hipótesis de una ruta de transporte por carretera entre tu ciudad o localidad y Múnich (Alemania).

Cuestiones:

a) Estima el tiempo, expresado en horas, que necesitaría un vehículo de transporte para ejecutar el servicio en su totalidad (tiempo de carga + tiempo en ruta – tiempos de descanso + tiempo de descarga). Para esta estimación, busca en la red posibles tiempos medios estándar propuestos por asociaciones reales de transportistas y cualquier otra información que necesites.

b) Realiza un diagrama de Gantt del itinerario y acciones a realizar, con la indicación de los tiempos que estimes para cada acción.

2.4.4. Métodos de descripción de puestos de trabajo

La distribución de las responsabilidades en el departamento de tráfico de la empresa de transportes está vinculada directamente con las necesidades de cumplir con los objetivos fijados en los planes de empresa.

Estas necesidades definen un nivel de **responsabilidad** concreto, el alcance del cual debe quedar especificado en el contrato que se establece entre la empresa y el empleado o colaborador, por ejemplo, la responsabilidad cedida a un conductor de vehículos de ejecutar servicios de transporte de mercancías seguro y ajustado a la normativa vigente.

La responsabilidad otorgada por la empresa y asumida por el responsable en el contrato genera una serie de **obligaciones** que deben cumplirse por ambas partes, el pago de una retribución por la empresa y la ejecución del trabajo encargado por el responsable, si la relación contractual es laboral, o bien el pago de las facturas generadas tras cada servicio, si la relación es mercantil (transportistas autónomos). Son obligaciones de un conductor, por ejemplo, la función de grupaje, o asumir con responsabilidad la gestión documental del servicio.

Las obligaciones definidas en el contrato generan una serie de **tareas** concretas, que deben resolverse en un tiempo limitado. Ciertas tareas pueden adquirir un carácter rutinario o regular en el tiempo, como la carga, el traslado y la descarga de mercancías, o bien pueden ser puntuales, como la comunicación de un accidente grave.

A partir de la definición esquematizada de responsabilidades, obligaciones y tareas, el departamento de recursos humanos o el actual departamento de dirección de personas, define cada uno de los puestos de trabajo que considera necesarios en el departamento de tráfico y procede a realizar la selección y contratación de las personas que cree adecuadas, de acuerdo con un presupuesto establecido en el plan de empresa aprobado.

b) Detección de posibles diferencias en el peso y volumen real y el previsto en el albarán, según el tipo de mercancías.

c) Comunicación inmediata de incidencias.

d) Manejo de albaranes de entrega y de recogida, gestión de permisos de transporte, tanto personales como del vehículo, tutela de facturas comerciales, documentación de mercancía peligrosa si procede, justificantes de cobros al contado, en su caso.

Esta distribución de funciones dentro y fuera de la empresa va unida tradicionalmente a la distribución de responsabilidades, que a su vez van unidas a las competencias de cada persona. Queda establecida así una jerarquía plasmada en un organigrama, la cual permite fijar y mostrar, con claridad y a todos los niveles, la organización de la empresa. Esta estructura, en sus distintas interpretaciones y adaptaciones, refleja también las escalas previstas en los convenios colectivos para la retribución salarial.

No obstante, el desarrollo constante de las nuevas tecnologías ha aportado numerosos matices a la organización jerárquica de la empresa logística. En la actualidad, se tiende establecer los **procesos** como base organizativa, en la que cada función está integrada en una **cadena de valor** con el objetivo último de cumplir las expectativas del cliente.

En la empresa de transporte modelo, el **proceso** que forma la **cadena de valor** está formado esencialmente por las siguientes funciones:

- Las tareas de recogida y carga de las mercancías en origen.
- El desplazamiento o acarreo en todo el recorrido.
- La descarga y entrega formal de las mercancías en su destino.
- Los trámites administrativos (recepción de encargos de servicio, trámites oficiales, facturación, cobro, contabilidad, fiscalidad).

Todo el conjunto de actuaciones está incluido en los conceptos de cadena de valor y de proceso integrados, en los que cada elemento o función asume su responsabilidad en su participación. La organización del trabajo toma así, actualmente, una dimensión **menos jerárquica,** más dinámica y de mayor colaboración entre equipos, acorde con la era tecnológica.

Actividad propuesta 2.6

Material: Herramientas Office.

Contexto: Tendencias actuales en la organización de las empresas de transporte importantes.

Cuestiones:

a) Amplía información sobre el concepto de *proceso*, en el sentido de producción empresarial y de gestión organizativa; busca al menos tres formas de explicar el concepto dentro del transporte y compáralas. Comenta por escrito los resultados.

b) Amplía información sobre el concepto de *cadena de valor*, desde el sentido más general hasta el más concreto y adaptado a una empresa de transportes; busca también al menos tres formas de explicar el concepto dentro del transporte y compáralas entre sí. Sintetiza en unas líneas la idea adquirida.

Actividad propuesta 2.7

Material: Herramientas ofimáticas, acceso a internet.

Contexto: El departamento de explotación, organigrama y estructura de recursos humanos.

Cuestiones:

a) Compara la estructura de recursos humanos propuesta como modelo en el texto, con la real de la empresa donde realizas las prácticas. ¿Los cargos y las funciones reciben la misma denominación?

b) Establece, cargo por cargo, un cuadro comparativo, estructurado en dos columnas, en el que se visualicen con claridad las posibles diferencias en cuanto a funciones y competencias.

c) Añade funciones concretas que creas que son adecuadas a cada perfil laboral.

2.4.2. Procedimientos de elaboración de diagramas

Para estudiar y analizar la distribución interna y externa del trabajo en una empresa de transporte de mercancías, cómo asignar las funciones de cada operario, ver cuáles serían las directrices del funcionamiento general y qué relaciones deberían establecerse entre los distintos departamentos o áreas, existen numerosísimas opciones gráficas, la gran mayoría de las cuales se basan en el desarrollo de las propuestas del ingeniero americano Henry Gantt (1861-1919), precursor de este enfoque analítico.

Los **diagramas de Gantt** eran herramientas gráficas que se proponían mostrar visualmente el **tiempo** dedicado a una determinada ocupación laboral o tarea concreta y establecer la relación existente entre el tiempo dedicado y la carga de trabajo. Estos esquemas son hoy insuficientes, ya que únicamente establecen relaciones entre departamentos, sin mucha más información.

Para la elaboración de diagramas de Gantt y mostrar la **organización jerárquica** de la empresa, es factible el uso de las herramientas más populares, como Microsoft Office, que ofrecen buenas posibilidades de diseño de las estructuras jerárquicas y sus relaciones. Una propuesta de ejemplo es la que aparece en la Figura 2.8.

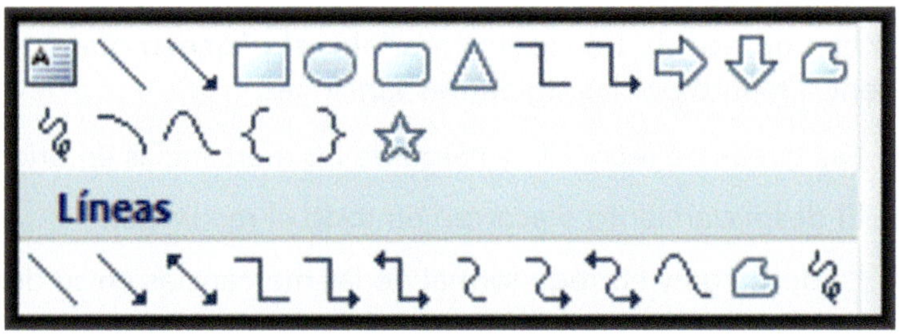

Figura 2.8. Herramientas básicas para el diseño de diagramas de Gantt.

Figura 2.9. Aspecto de la *app* ASANA en un *smartphone*. Puede descargarse simultáneamente en varios dispositivos que se sincronizarían entre ellos para ofrecer la misma información en tiempo real.

La organización netamente jerárquica, desde el punto de vista de la gestión empresarial de hoy, evoluciona en favor de una visión mucho más flexible y dinámica. El proceso de transporte de mercancías se organiza a partir de las **actuaciones coordinadas** y en estrecha colaboración de todos los equipos implicados, directa o indirectamente, con su ejecución. El conjunto de las acciones coordinadas dentro de la empresa conforma el concepto **proceso,** entendido como un objetivo común para toda la organización.

Ante esta visión organizativa, toma significado especial la **coordinación de las acciones y la interacción positiva** entre departamentos, además del tiempo invertido en cada una de las tareas a efectuar para llevar a cabo un servicio. En esta idea, los diagramas deben contemplarse como modelos complejos del trabajo organizado, cuya utilidad alcanza un nivel mucho más completo que el simple diagrama de Gantt, y más adecuado a la gestión de empresa en el entorno competitivo actual.

Un ejemplo de uso profesional, entre otros, es la aplicación ASANA que gestiona tareas y proyectos.

Sabías que

Existen softwares que se dedican a la gestión de flotas. Personalizan a cada empresa que lo adquiera funciones a medida de sus necesidades, como puedan ser la elaboración de presupuestos, planificación de rutas, etc., optimizando toda la logística de cualquier compañía.

Actividad propuesta 2.8

Material: Herramientas Office.

Contexto: Procedimientos de elaboración de diagramas. El jefe/a de tráfico de una empresa de transportes con sede en San Sebastián concreta con tres nuevos clientes, ubicados en Andalucía, los horarios y las condiciones de descarga de unos envíos previstos. Requiere a la administración de tráfico que prepare las documentaciones; esta las prepara y se las entrega. Una vez está todo preparado, la persona responsable del tráfico indica al conductor o conductora que realizará la ruta dónde y cuándo debe recoger y cargar la mercancía, así como los datos de destino. Asimismo, indica al personal auxiliar qué tareas debe desempeñar para este cometido.

Cuestiones:

a) Elabora un diagrama de Gantt en el que queden reflejadas las interacciones propuestas en el enunciado, y queden identificados cada uno de los actores y las acciones que se llevan a cabo.

b) Añade al diagrama nuevas hipotéticas situaciones negativas que podrían acaecer (devoluciones de mercancías, incidentes, bajas laborales, huelgas, necesidades de confinamiento, etc.).

2.4.3. Cálculo de tiempos

Calcular el **tiempo** que es necesario para llevar a cabo una tarea concreta integrada en el proceso del transporte es el primer paso para establecer las bases de un servicio eficiente y competitivo. En la organización de los trabajos a realizar, la definición del tiempo necesario para cada tarea o función se basa en un cálculo que sigue un método **preestablecido,** considerado el tiempo estándar de calidad óptima.

Así, dentro de la organización de la empresa transportista, están normalizados los tiempos más comunes de ejecución de tareas: paletizado, carga de contenedores, tiempo en ruta, tiempos de descarga, etc., referentes utilizados tanto en la gestión interna como en el cálculo de presupuestos.

Cualquier metodología empleada en el cálculo del tiempo parte de dos conceptos básicos:

- **Tiempo de reloj (Tr),** o tiempo que el operario realiza efectivamente la tarea, en el que quedan excluidas las interrupciones de cualquier índole.

  Ejemplo: Tiempo en que un conductor/a está frente al volante transportando mercancías entre dos puntos geográficos.

- **Tiempo estándar o tiempo tipo (Tp),** o tiempo teórico necesario para que un operario calificado lleve a cabo una tarea con normalidad, incluidas las interrupciones necesarias para el descanso y las funciones personales.

  Ejemplo: Tiempo real estimado que la persona encargada de transportar una carga entre un productor de discos de frenado ubicado en Bilbao y la fábrica de automóviles domiciliada en Baviera.

El estudio de tiempos, cálculo del tiempo estándar o tiempo tipo, así como su control y gestión, constituye por sí misma una especialización profesional dentro de los estudios de ingeniería.

En líneas generales, sigue los siguientes pasos:

- Cálculo del promedio por elemento (acción, ruta, proceso de carga, descanso, etc.).
- Adición de suplementos.
- Suavización por frecuencia.
- Determinación del tiempo estándar.

Actividad propuesta 2.9

Materiales: Herramientas Office.

Contexto: Estimación de tiempos en tareas relacionadas con el transporte. Hipótesis de una ruta de transporte por carretera entre tu ciudad o localidad y Múnich (Alemania).

Cuestiones:

a) Estima el tiempo, expresado en horas, que necesitaría un vehículo de transporte para ejecutar el servicio en su totalidad (tiempo de carga + tiempo en ruta – tiempos de descanso + tiempo de descarga). Para esta estimación, busca en la red posibles tiempos medios estándar propuestos por asociaciones reales de transportistas y cualquier otra información que necesites.

b) Realiza un diagrama de Gantt del itinerario y acciones a realizar, con la indicación de los tiempos que estimes para cada acción.

2.4.4. Métodos de descripción de puestos de trabajo

La distribución de las responsabilidades en el departamento de tráfico de la empresa de transportes está vinculada directamente con las necesidades de cumplir con los objetivos fijados en los planes de empresa.

Estas necesidades definen un nivel de **responsabilidad** concreto, el alcance del cual debe quedar especificado en el contrato que se establece entre la empresa y el empleado o colaborador, por ejemplo, la responsabilidad cedida a un conductor de vehículos de ejecutar servicios de transporte de mercancías seguro y ajustado a la normativa vigente.

La responsabilidad otorgada por la empresa y asumida por el responsable en el contrato genera una serie de **obligaciones** que deben cumplirse por ambas partes, el pago de una retribución por la empresa y la ejecución del trabajo encargado por el responsable, si la relación contractual es laboral, o bien el pago de las facturas generadas tras cada servicio, si la relación es mercantil (transportistas autónomos). Son obligaciones de un conductor, por ejemplo, la función de grupaje, o asumir con responsabilidad la gestión documental del servicio.

Las obligaciones definidas en el contrato generan una serie de **tareas** concretas, que deben resolverse en un tiempo limitado. Ciertas tareas pueden adquirir un carácter rutinario o regular en el tiempo, como la carga, el traslado y la descarga de mercancías, o bien pueden ser puntuales, como la comunicación de un accidente grave.

A partir de la definición esquematizada de responsabilidades, obligaciones y tareas, el departamento de recursos humanos o el actual departamento de dirección de personas, define cada uno de los puestos de trabajo que considera necesarios en el departamento de tráfico y procede a realizar la selección y contratación de las personas que cree adecuadas, de acuerdo con un presupuesto establecido en el plan de empresa aprobado.

Tabla 2.1. Descripción tipo de un puesto de trabajo en una compañía de transporte de mercancías

Puesto de trabajo	Responsabilidades	Obligaciones	Tareas
Conductor/a	Transporte seguro de las mercancías, ajustado a la normativa aplicable.	Grupaje de las mercancías.	Recogida o entrega de los contenedores vacíos o llenos según proceda, en el muelle de carga de origen o de destino.
			Detección de posibles diferencias entre el peso y volumen real y el registrado en el albarán.
			Comunicación inmediata de incidencias
		Gestión de la documentación de transporte.	Manejo de albaranes de entrega y recogida.
			Gestión de permisos de transporte, tanto personales como del vehículo.
			Tutela de facturas comerciales.
			Tutela de la documentación de las mercancías peligrosas.

Ahora bien, el mundo del trabajo evoluciona constantemente y, en la actualidad, existe una fuerte tendencia a difuminar la concepción clásica de puesto de trabajo acotado a una serie de funciones delimitadas por tareas concretas, para pasar a una concepción más **dinámica y flexible,** adaptable a los cambios. Como se ha comentado ya en el texto, son los **procesos integrados en la cadena de valor** los que configuran la organización del servicio de transporte desde valores como:

- **Capacidad de innovación y adaptación.** En un entorno empresarial cada vez más competitivo, cada puesto de trabajo debe adaptarse continuamente a nuevos escenarios de trabajo, generados a partir de la innovación tecnológica o la evolución económica.

  Ejemplo: Vehículos con nuevas características no contaminantes, tacómetros con funciones añadidas a las convencionales, control digital de operaciones.

- **Transparencia en la ejecución de las tareas.** Cada función o tarea, especialmente en sus más pequeños detalles, debe ser ejecutada con claridad y transparencia, a fin de facilitar su aprendizaje.

  Ejemplo: Manejo de herramientas, mantenimiento de vehículos, técnicas de estacionamiento eficiente, estilos de conducción.

- **Trabajo en colaboración.** En el mismo sentido que significa la transparencia en la ejecución de las tareas, debe promoverse el trabajo colaborativo, donde nadie sea «propietario» de determinada técnica, procedimiento o función de las propias del servicio del transporte.

  Ejemplo: Conductores/as, ayudantes y personal de almacén pueden, en caso de necesidad del servicio, desarrollar una función distinta de la asignada habitualmente de un compañero o compañera.

- **Búsqueda de la inteligencia colectiva.** La empresa de transportes actual tiende a fomentar el concepto de comunidad de personas en un sentido amplio, que abarca no solo el personal contratado en convenio laboral sino también el subcontratado, formando un único colectivo que actúa como un gran equipo. Con ello se busca una mayor cohesión sociolaboral, en favor de una mayor productividad.

  Ejemplo: Transportes TranMartin, SL, dispone de una pequeña flota compuesta por tres camiones y una furgoneta, con su equipo de conductores completo. Además, cubre con flexibilidad los servicios que presta mediante acuerdos contractuales con diversos transportistas autónomos para, de esta forma, ofrecer a sus clientes un servicio completo, desde una visión colectiva.

Actividad propuesta 2.10

Materiales: Herramientas Office.

Contexto: Métodos de descripción de puestos de trabajo. Puedes ver un ejemplo en la Tabla 2.1.

Cuestiones:

a) Después de obtener información suficiente del tutor de empresa, construye un cuadro semejante al del ejemplo, adaptado a las funciones administrativas de soporte a la organización del transporte, desglosado por responsabilidades, obligaciones y tareas.

b) Define las responsabilidades, obligaciones y tareas que crees que son las propias de la administración del transporte.

2.5. Sistemas de información y documentación

Como norma básica, en la llegada al centro de carga o de descarga, toda operación de transporte debe registrarse e identificarse al menos con la matrícula del vehículo y el DNI del conductor.

Debido al gran número de documentos y a la abundancia de disposiciones y leyes aplicables en el sector, se manifiesta necesario estandarizar la documentación que se maneja y transmite entre cargadores, receptores y transportistas, bien sea por existir un contrato entre las partes, o por compartir las labores en un espacio común.

La documentación que deben compartir cargadores y transportistas **no tiene ningún referente legal obligatorio** concreto, por lo que no se produce vulneración de la ley si no se comparte documentación alguna. Sin embargo, es conveniente por parte del cargador que ejerza un control documentario en las operaciones que realizan los transportistas que contrata, ya que de las irregularidades que pueda cometer un transportista se le pueden exigir responsabilidades legales.

Figura 2.10. El transportista, antes de iniciar la marcha, debe verificar la documentación que le aporta la empresa, en relación con la carga que va a trasladar.

Recuerda

El artículo 140.17 de la Ley de Ordenación de los Transportes Terrestres (LOTT), prevé sanciones a aquel cargador que contrate un transportista que carezca de la licencia correspondiente.

2.5.1. Control documentario relativo a la prevención de riesgos laborales

A diferencia de la documentación de la mercancía, sí que existe legislación específica relativa a la concurrencia de conductores de varias empresas en un centro de trabajo cuando existe un empresario principal.

Caso como ejemplo

Conservas Riojanas, SL, contrata a Transportes Halcón para que cargue las mercancías en las instalaciones de la industria conservera y las descargue en el almacén de un distribuidor a pequeños comercios. Aplica la Ley de Prevención de Riesgos Laborales como empresario principal.

La ley define como **empresario principal** al cargador/receptor que carga o recibe las mercancías en sus propias instalaciones. En este caso, obliga explícitamente a los cargadores/receptores a exigir a los contratistas del transporte el cumplimiento de la normativa establecida en la Ley 31/1995 de Prevención de Riesgos Laborales y en el Real Decreto 171/2004 en cuanto concierne a:

- Evaluación de riesgos laborales en el ejercicio de las funciones del transporte.
- Planificación de la actividad preventiva.
- Formación de los trabajadores en materia de riesgos laborales.

La citada norma insta al empresario principal a exigir a los transportistas que acrediten por escrito que cumplen con sus obligaciones referentes a evaluación de riesgos, planificación de la actividad preventiva y formación en materia de riesgos laborales.

Además, la ley obliga al empresario a **supervisar** el cumplimiento por parte de los transportistas de la normativa en esta materia y le otorga responsabilidad solidaria. En caso de accidente, la Justicia puede valorar la responsabilidad subsidiaria en que haya podido incurrir el empresario si ha facilitado o no las herramientas y técnicas necesarias para garantizar la seguridad del proceso.

Figura 2.11. Vehículo de transporte revisado por ITV.

Cuando sea el conductor/a quien realice la carga o descarga, la empresa cargadora/receptora siempre actuará como empresario principal, como así lo prevé la Ley de Ordenación del Transporte.

Aun cuando la Ley de Prevención de Riesgos Laborales no lo obliga explícitamente, es muy recomendable controlar, a la llegada del vehículo, que la autorización de transporte, la ITV y el seguro del vehículo están vigentes, así como el permiso de conducir del conductor.

Actividad propuesta 2.11

Materiales: Herramientas Office.

Contexto: Control documentario relativo a la Prevención de Riesgos Laborales. Concurrencia de vehículos en un centro de trabajo. Ley de Prevención de Riesgos Laborales.

Cuestiones:

a) Un terreno aislado y sin señalizar donde se detiene momentáneamente un vehículo de transporte en plena ruta, ¿se puede considerar «centro de trabajo» a efectos de la ley?

b) Relaciona esquemáticamente los objetivos de la coordinación de las actividades empresariales para la prevención de los riesgos laborales, en cuanto concurren diversos vehículos de diversas empresas en un centro de trabajo.

c) ¿Qué medidas deben adoptar los empresarios del transporte concurrentes? Toma nota sintetizada en un documento complementario.

2.5.2. Tipos de informes en el departamento de tráfico

En la empresa de transporte, y concretamente en el departamento de tráfico, se maneja un elevado número de informes relativos a la explotación, en su mayor parte por medios digitales y centralizados en una aplicación informática específica, diseñada para el mejor y más eficiente control de las operaciones. Este tipo de aplicaciones informáticas ofrecen control, amplia información, datos y ayuda acerca de:

- **Plan de viaje:** en el que se identifica el itinerario prioritario y el alternativo que pueda sustituirlo si es necesario en caso de complicaciones imprevistas, se define el objetivo a cumplir, el tipo y la cantidad de carga, las condiciones de seguridad exigidas y las necesidades de conservación si son necesarias.
- **Ubicación geográfica de los vehículos:** en tiempo real, así como la de los conductores y ayudantes, a fin de detectar posibles desviaciones de la previsión establecida en el plan de viaje.
- **Información sobre incidentes:** entre los que pueden incluirse accidentes, pérdidas de la mercancía, robos o sustracciones, escapes o pérdidas de líquidos, pérdidas del nivel de frío imprescindible u otros.
- **Parámetros de navegación:** velocidades, consumos, paradas, descansos, etcétera.

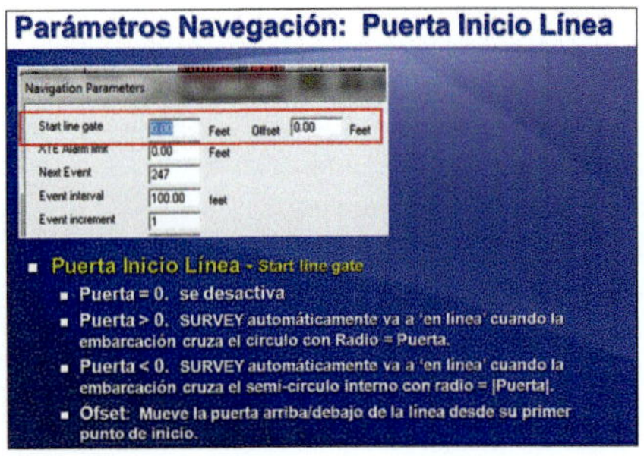

Figura 2.12. Pantallazo del programa donde se gestionan los parámetros de navegación.

Toda actuación o servicio de transporte de mercancías público requiere de un **informe final** completo, en el que se incluyan datos relevantes acerca de los consumos de combustible, revisiones, mantenimiento del vehículo y otros relativos a los tiempos de conducción y descanso del conductor.

El **informe de actividad** está orientado, básicamente, a mostrar datos a la dirección acerca del uso de los vehículos, a su disponibilidad operativa en todo momento y tomar las medidas necesarias para ampliar o reducir la oferta, a fin de optimizar la eficiencia global de la organización.

Actividad propuesta 2.12

Material: Herramientas ofimáticas, acceso a internet.

Contexto: Informes.

Cuestiones:

a) Descarga una aplicación informática de gestión de flotas de transporte, utilizable en cualquier plataforma digital, en versión demo gratuita y comprueba en la práctica real las prestaciones que ofrece.

b) Compara las distintas aplicaciones informáticas de gestión de flotas descargadas por otros compañeros/as del aula y establece y comenta las diferencias detectadas.

Mapa conceptual

EL SERVICIO DE TRANSPORTE DE MERCANCÍAS

- Proceso de prestación del servicio. Carga completa y carga fraccionada
  - Almacenaje
  - Elección de recursos y del medio de transporte. Tiene en cuenta, en función del transportista, los siguientes valores
    - Su experiencia
    - Su flexibilidad
    - Su fiabilidad o calidad
  - Solicitud de cotización
    - El coste
    - La disponibilidad
  - Contratación efectiva
  - Carga completa y fraccionada con diversos tipos de contenedores
    - Contenedor estándar
    - Contenedor High Cube
    - Contenedor Open Top
    - Contenedor Flat Rack
- El departamento de tráfico o de explotación
  - El director/a o consejero/a dicta las directrices que hay que seguir:
    - Orientaciones y líneas estratégicas
    - Presupuesto económico
  - Planifica las rutas
  - Realiza presupuestos
  - Toma de decisiones
  - Subcontratación
  - Control
  - Seguimientos de calidad
- Organigrama funcional. Estructura de recursos humanos
  - Director/a
    - Responsable de calidad
    - Responsable de recursos humanos que tiene en su departamento al personal administrativo
    - Responsable financiero y jurídico que tiene a su cargo al personal de contabilidad
    - Responsable de transporte
      - Jefe/a de tráfico que tiene a su cargo a los chóferes y al personal de almacén

Mapa conceptual

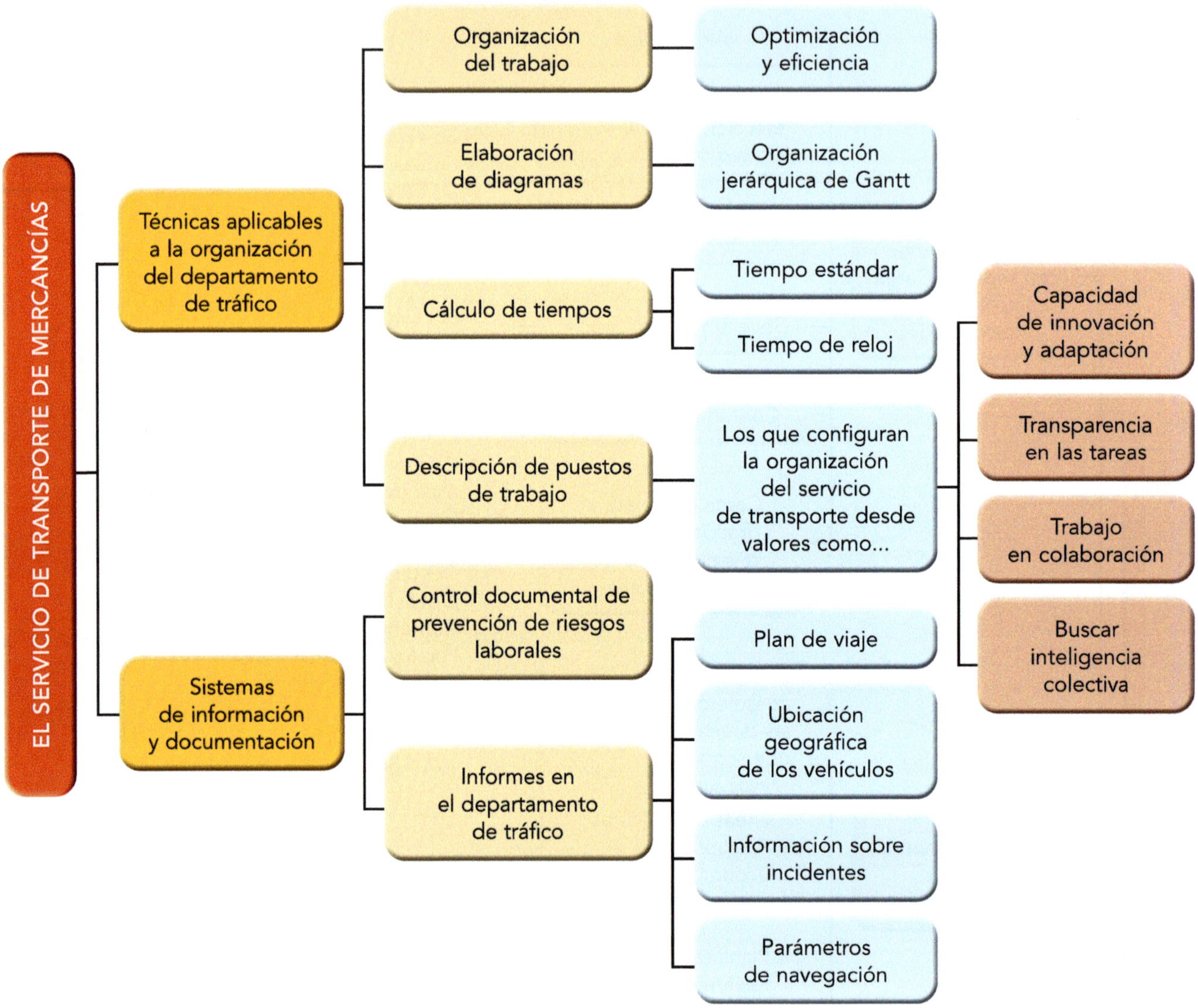

Actividades finales

De comprobación

2.1. ¿Qué cualidades prioritarias exigen con más frecuencia las empresas a los transportistas?

a) Velocidad, agilidad, rapidez en la entrega.
b) Experiencia, flexibilidad, fiabilidad.
c) Respeto a la normativa de tráfico.
d) Exclusividad en el servicio contratado.

2.2. ¿Qué es la cotización para una empresa de transporte?

a) El precio a que un inversionista debe pagar las acciones.
b) El nivel de imagen de empresa que ha conseguido en los mercados.
c) La estimación del valor de una empresa.
d) Una oferta del coste final de un servicio de transporte.

2.3. ¿Cuáles son los factores que se estiman más necesarios al solicitar una cotización?

a) La rapidez en la entrega.
b) La empatía con el cliente.
c) El coste y la disponibilidad.
d) El servicio completo.

2.4. ¿Qué otro nombre recibe la carga fraccionada?

a) Estiba.
b) Carga parcial.
c) Carga regulada.
d) Grupaje.

2.5. ¿Qué implica el envío de la carga completa?

a) Varios exportadores.
b) Un solo exportador.
c) Varios importadores.
d) Un solo importador.

2.6. ¿Qué contenedor se utiliza en la exportación de piezas de grandes dimensiones?

a) Estándar.
b) High Cube.
c) Open Top.
d) Flat Rack.

2.7. Un fabricante de maquinaria pesada exporta a todo el mundo. ¿Qué clase de contenedores utiliza?

a) Estándar.
b) High Cube.
c) Open Top.
d) Flat Rack.

2.8. ¿Cuál es la vía de transmisión de las líneas estratégicas generales aprobadas por el consejo de administración de una empresa de transportes?

a) Se transmiten al jefe/a de tráfico.
b) Se transmiten al director/a general.
c) Son responsabilidad de la Administración.
d) Son responsabilidad de los conductores.

2.9. ¿Qué función le corresponde a la dirección general de una compañía de transportes?

a) Planificar rutas.
b) Subcontratar vehículos.
c) Indicar objetivos generales.
d) Supervisar los conductores.

2.10. ¿Qué actividad le corresponde al departamento de tráfico o de explotación?

a) Planificar rutas.
b) Subcontratar vehículos.
c) Controlar la calidad del servicio.
d) Todas las respuestas anteriores son correctas.

2.11. ¿Cuál de los siguientes objetivos no es prioritario para una empresa de transportes?

a) La máxima ocupación por unidad de carga.
b) La actualización de las herramientas tecnológicas.
c) La reducción de impuestos.
d) La facturación a alcanzar presupuestada.

2.12. ¿Quién debe detectar las diferencias de peso entre carga y documentación?

a) El administrativo/a de tráfico.
b) El jefe de tráfico.
c) El conductor o su ayudante.
d) El contratista.

2.13. ¿Qué debe buscar la organización del servicio de transporte?

a) El ahorro económico.
b) La eficiencia del trabajo.
c) Las rutas más rentables.
d) La estabilidad laboral.

2.14. ¿En qué tiende a basarse la organización del trabajo actualmente?

a) En los procesos.
b) En la jerarquía.
c) En el individualismo.
d) En la metodología.

2.15. ¿Cómo es cada vez más la organización del trabajo?

a) Jerarquizada.
b) Liberal.
c) Intuitiva.
d) Colaborativa.

2.16. ¿Qué denominación tienen los diagramas para diseñar procedimientos?

a) Diagramas de Foucault.
b) Diagramas de Porter.
c) Diagramas de Stanley.
d) Diagramas de Gantt.

2.17. ¿Qué debe contener un diseño gráfico de procedimientos?

a) Los tiempos de ejecución de las tareas.
b) Los nombres de los empleados.
c) Los orígenes de las mercancías.
d) Las cargas fiscales sobre el transporte.

2.18. ¿Cómo tiene que ser la concepción actual de las tareas en el transporte?

a) Escrupulosa.
b) Dinámica y flexible.
c) Exigente.
d) Metodológica.

2.19. ¿En qué se basan los tiempos en el transporte?

a) Tiempos cortos.
b) Tiempos rápidos.
c) Tiempos supuestos.
d) Tiempos preestablecidos.

2.20. ¿Cómo se estructura un puesto de trabajo en el transporte?

a) En el cumplimento de las directrices.
b) En tareas específicas.
c) En responsabilidades, obligaciones y tareas.
d) En el servicio al cliente.

2.21. ¿Cómo es la documentación compartida por cargadores y transportistas?

a) Responde al modelo oficial de la Unión Europea.
b) Es la recomendada por el Ministerio de Transportes.
c) Tiene un carácter fiscal.
d) No tiene referente legal.

2.22. ¿Qué se aplica al concurrir varios conductores en un centro de descarga?

a) La Ley de Prevención de Riesgos Laborales.
b) El Reglamento del Parlamento Europeo.
c) La normativa de la Dirección General de Tráfico.
d) No existen normas específicas.

2.23. ¿Qué buscan los informes de actividad del transporte?

a) Cumplir con las leyes europeas.
b) Normalizar la información.
c) Optimizar la eficiencia de la organización.
d) Disminuir la burocracia.

2.24. ¿Qué significa grupaje?

a) Agrupación de mercancías según su peso.
b) Agrupación de mercancías según su origen.
c) Agrupación de mercancías según el tipo de embalaje.
d) Agrupación de mercancías diversas en un solo contenedor.

De aplicación

2.25. Accede a la página web iContainers, y:

a) Obtén la cotización real del coste de enviar un contenedor completo de 40 pies desde el puerto de Barcelona a Trieste.

b) Obtén la cotización real del coste de enviar una carga de 200 kg, desde Barcelona a Orán (Argelia) formada por paquetes de 40 × 20 × 10 cm.

c) Estudia la posibilidad de modificar las medidas de tu producto para mejorar el coste de envío. ¿Qué medidas de tus paquetes podrían suponer una mejora en el coste, en la medida que se aprovechara mejor el contenedor?

d) Como exportador de cítricos a Islandia, deseas saber el coste del envío marítimo de cinco contenedores completos, tres de 40 pies y dos de 20 pies, con origen en el puerto de Valencia.

2.26. Elabora una lista de un mínimo de cinco productos, materiales o artículos que creas susceptibles de ser transportados mediante grupaje, y cinco que lo sean por carga completa. Comenta las ventajas e inconvenientes en cada caso.

2.27. Tu empresa exporta material para la construcción de grandes dimensiones. ¿Qué tipo de contenedor necesita? Obtén la cotización de un contenedor completo de esta clase en iContainers con origen Barcelona y destino Oslo (Noruega).

2.28. Construye con herramientas PowerPoint el organigrama interno del centro docente donde cursas tus estudios, Compáralo con el modelo del texto para una empresa de transporte de la Figura 2.1. ¿Qué diferencias son visibles? ¿En qué se asemejan?

2.29. Sin consultar ningún texto, anota en papel aparte o directamente en Word, las tres indicaciones básicas que emite la dirección general al departamento de explotación en las empresas logísticas y de transporte.

2.30. *Id.*, al menos cuatro de las funciones propias del departamento de tráfico o de explotación de una empresa dedicada al transporte. Interpreta las funciones elegidas desde la óptica de la empresa real donde realizas las prácticas y compara los resultados con las propuestas en el texto.

2.31. Analiza las funciones del jefe de tráfico propuestas en el texto y compleméntalas con aquellas que, a tu propio criterio o bien por observación de la realidad, podrían ser también de su competencia.

2.32. *Id.*, complementa las funciones que podrían ser propias de la administración de tráfico con aquellas que razonablemente le puedan ser atribuidas.

2.33. *Id.*, para las responsabilidades atribuidas a chóferes y mozos de almacén.

2.34. El director general de Transportes Especiales Alfa, SA, Sr. Vivaldi, conoce jugando al golf a un importante exportador de productos químicos. En la medida que Alfa, SA, está especializada en el transporte de mercancías peligrosas, ambos empresarios llegan a un preacuerdo de colaboración. El Sr. Vivaldi, ya en la empresa, comunica el preacuerdo a la directora comercial, Sra. Curie, y le encarga que se ocupe del contrato. La Sra. Curie negocia con el exportador las condiciones; una vez acordadas, presenta el nuevo contrato al director de explotación, Sr. Wagner, para que inicie la organización de la nueva línea de trabajo. El Sr. Wagner comenta con el director de recursos humanos, Sr. Debussy y con la directora financiera, Sra. Pardo Bazán, las posibles nuevas necesidades de personal y las posibles nuevas necesidades de inversión, respectivamente; ambos estudian el proyecto desde sus competencias y transmiten posteriormente al Sr. Wagner el resultado de su trabajo. El Sr. Wagner, una vez ha coordinado y ejecutado las acciones indispensables previas a la puesta en marcha del proyecto, traslada los resultados en conjunto al Sr. Vivaldi para que apruebe o no el proyecto. El Sr. Vivaldi aprueba las nuevas contrataciones, las nuevas inversiones y la nueva estrategia comercial y lo comunica a todas las direcciones en una reunión de conjunto.

a) Elabora un diagrama de Gantt en el que queden reflejadas las interacciones descritas.

b) Añade a cada interacción el tiempo expresado en días que estimes necesario desde tu propio punto de vista personal, sin comentar nada en el aula.

c) Debate en al aula los distintos resultados obtenidos hasta hallar, trabajando ya en equipo, el resultado más eficiente.

2.35. A partir de las recomendaciones de carga de vehículos disponibles en red por la AECOC:

a) Elabora un diagrama de Gantt en el que queden reflejados los pasos recomendados.

b) Anota en cada unidad gráfica el texto resumido de la acción que representa.

2.36. Consulta el documento «Inteligencia colectiva» propuesto por Iberdrola, y:

a) Consulta y toma nota de quién formuló este concepto por primera vez, cuándo y dónde.

b) El documento sugiere la aplicación de cuatro principios básicos para llevar a cabo un proyecto de este tipo. Desarrolla cada uno de los conceptos desde el punto de vista de la organización del transporte, apoyándote en tu propia experiencia o, si es necesario, en cómo interpretas cada uno de los principios.

2.37. En un centro de distribución de El Corte Inglés llegan cada día vehículos procedentes de Nestlé y de Coca-Cola, entre otros, por tanto, confluyen conductores y personal auxiliar de varias empresas distintas.

a) Según la Ley de Prevención de Riesgos Laborales, ¿qué empresa es el empresario principal?

b) Sintetiza en un gráfico las obligaciones del empresario principal en materia de prevención de riesgos laborales, en relación con los conductores, de acuerdo con el artículo 10 de la ley.

c) Además del deber de vigilancia, ¿qué otras medidas debe cumplir el empresario principal respecto a esta ley?

2.38. La empresa de software Urbantz, especializada en la gestión de transporte, ofrece un software de interés común a los transportistas.

a) ¿Cómo está organizado el trato de las entregas y las recogidas?

b) ¿Qué ideas aporta acerca de la reducción de las emisiones de CO_2?

c) ¿Cómo dirige a los conductores?

d) ¿Qué prestaciones en tiempo real ofrece?

e) ¿En qué otro sistema de información está integrado?

f) ¿Para qué se configuran los paneles de control?

2.39. Consulta el significado del vocablo «groupage» en el Cambridge Dictionary, y léelo e interprétalo en inglés directamente, sin ningún género de ayuda digital.

De ampliación

2.40. Además de experiencia, flexibilidad y fiabilidad, ¿qué otros valores o competencias debería tener, en tu opinión, un transportista? Describe en qué consisten.

2.41. El coste de un transporte y su disponibilidad son los factores por los que un cliente se preocupa en primer lugar, pero ¿qué otros factores, a tu entender, pueden ser determinantes?

2.42. La consideración de segura, en relación con una carga completa, ¿en qué se basa? Explica con tus propias palabras el razonamiento de por qué es segura.

2.43. En el texto se destaca la responsabilidad de los jefes de departamento y su papel fundamental en los resultados obtenidos. Reflexiona sobre la veracidad o no de este punto y aporta tu visión crítica complementaria.

2.44. ¿Por qué el departamento de calidad se sitúa en el organigrama en dependencia directa de la dirección general? Comenta los argumentos que sean necesarios.

2.45. Una agencia de transportes dispone de una flota compuesta en un 30 % de vehículos frigoríficos, otro 30 % de tráileres de gran tamaño y un 40 % de camiones de pequeño tonelaje. ¿Podrías sugerir una organización por departamentos que tuviera en cuenta esta estructura? ¿Cómo se establecería en este caso?

2.46. En el texto se proponen algunos valores que las empresas estiman como necesarios en el momento de elegir el transportista más idóneo para un determinado servicio. ¿Qué otros valores crees que podrían también ser exigidos y por qué razón?

2.47. A partir de tu propio conocimiento e intuición, describe las posibles ventajas y desventajas del transporte internacional multimodal.

2.48. Además de las atribuciones de la dirección general descritas en el texto, piensa qué otras atribuciones menores puede poseer, relacionadas con un modelo de empresa transportista.

2.49. En la misma línea, ¿qué otras atribuciones o competencias, en tu opinión, deberían corresponder al jefe de tráfico, especialmente en la gestión de conductores?

2.50. Repasa las funciones cuya descripción está propuesta en el apartado de organización del trabajo. En distintas situaciones y contextos de trabajo, es muy posible que algunas de ellas puedan retribuirse. Piensa en algunos casos que hayas contrastado en tu experiencia en la empresa de prácticas y toma nota de las posibles variaciones.

2.51. Valora el trabajo de un conductor, en comparación a otras ocupaciones laborales. ¿Consideras que se trata de un trabajo tranquilo o bien estresante? Desarrolla tu punto de vista y aporta ejemplos o situaciones concretas y reales.

2.52. Asume el papel de diputado/a en el Parlamento Europeo desde al menos dos opciones políticas distintas y contrapuestas conservadoras/socialistas, y redacta las dos propuestas de modificación de la normativa de cálculo de tiempos en el transporte por carretera que creas más apropiadas.

2.53. Argumenta tu punto de vista, con la máxima extensión posible, acerca de la utilidad práctica del documento administrativo de control del transporte.

2.54. En tu opinión, ¿son correctas las afirmaciones del texto acerca de la utilidad del informe final de una operación de transporte de mercancías?, ¿puedes añadir o quitar alguna, con el debido razonamiento?

Unidad 3

Introducción

La función básica de una empresa de transporte de mercancías persigue la obtención de un retorno de la inversión, junto con una cierta rentabilidad. Este retorno de la inversión viene determinado por la idea de obtener **beneficios económicos** una vez cumplidas las obligaciones contractuales, fiscales y medioambientales que le corresponden.

No obstante, en el sector del transporte existen numerosos casos de actividades de servicios públicos cuya finalidad última no es la obtención de beneficios ni el crecimiento en sí mismo, ni tampoco la elusión de riesgos, sino la prestación del servicio de eficacia social (**beneficios sociales**). Para conseguir sus fines sólidamente sin priorizar la búsqueda del beneficio, estas empresas orientan su gestión social hacia el equilibrio económico (resultado = 0) y la viabilidad financiera, siempre que ello sea posible. Ejemplos de ello son las ambulancias, los servicios municipales de incendios, los transportes de servicios de voluntariado y los efectuados por ONG.

Desde otra perspectiva, para cualquier empresa o entidad dedicada a actividades logísticas, el **estudio analítico** de los **costes** es absolutamente necesario para alcanzar una gestión lo más eficiente posible. La precisión y la calidad del estudio de los costes de la explotación del negocio alcanza su mayor significado en el momento de la **confección de presupuestos,** puesto que es la ocasión en que se decide cuál va a ser el margen obtenido en cada una de las operaciones para las que ha establecido un precio o tarifa.

COSTES DE EXPLOTACIÓN DE LAS EMPRESAS DE TRANSPORTE

Contenidos

Objetivos

- Diferenciar los conceptos de gasto, coste y pago en el transporte de mercancías.
- Identificar los centros de costes en las empresas de transporte de mercancías y explicar el tipo de coste que generan.
- Clasificar los costes de explotación en las empresas de transporte de mercancías y evaluar la importancia relativa de cada uno.
- Analizar los principales métodos de imputación de costes indirectos.
- Calcular los costes del transporte correspondientes a un período dado y los costes por unidad de servicio: por vehículo, por kilómetro, por viaje o por tonelada, utilizando aplicaciones informáticas.
- Relacionar los soportes documentales utilizados en las empresas de transporte con la clase de costes sobre los que proporcionan información.

3.1. Diferencia entre coste, gasto y pago

En el ámbito empresarial, son muchos los términos que dan cobertura al aspecto financiero, económico y administrativo. Sin lugar a duda, uno de los más conocidos y utilizados son los de gastos, pagos y costes. A priori, son conocidos y pudieran ser aparentemente sencillos de comprender, sin embargo, son complejos y provocan en ocasiones errores entre quienes los utilizan para explicar una situación determinada. Seguidamente se ven en profundidad encajados en el entorno del transporte de mercancías.

3.1.1. Gastos

El concepto de **gasto** va asociado al **consumo** de bienes y servicios, así como también al uso de equipos o vehículos y a su deterioro.

Los gastos **ordinarios** o corrientes se producen en el momento de utilizar o **consumir bienes o servicios** que se han adquirido o contratado y que son necesarios para mantener el funcionamiento de una empresa.

Por ejemplo, gastos son las nóminas y seguros sociales de los empleados y conductores, comisiones de agentes intermediarios, servicios subcontratados de transporte, consumo de carburante, vestuario, seguros, material de oficina, reparaciones, tributos, etcétera.

Desde el punto de vista técnico de la contabilidad, los gastos son **disminuciones en el patrimonio neto** de la empresa. Los gastos se ocasionan en el ejercicio de las actividades logísticas y generan una obligación de pagarlos a quienes facilitan el bien consumido o el servicio recibido, por tanto, ocasionan una disminución neta en el patrimonio de la empresa.

Actividad resuelta 3.1

Indica si el uso de un almacén alquilado es un gasto que debe imputarse al período efectivo en que se ha ocupado.

Solución:

El gasto no es la salida de caja o banco que conlleva, como tampoco lo es la firma del contrato de arrendamiento, sino que lo es el uso u ocupación efectiva del local.

3.1.2. Inversiones

Se consideran **inversiones** las adquisiciones de aquellos bienes que necesita la empresa para llevar a cabo su función logística y de transporte de forma permanente y durante varios años, hasta que se considera que ya han llegado al final de su vida útil. Son los instrumentos con los cuales espera obtener el beneficio de la iniciativa empresarial.

Las inversiones pueden ser también de carácter financiero o estratégico, siempre con la idea de obtención de rentabilidad a partir de la colocación de capitales. Hay que tener en cuenta que, por ejemplo:

- Para cualquier pequeño transportista autónomo, la inversión clave es la adquisición del vehículo con el que va a llevar a cabo su función.
- Para una mediana o gran empresa, las inversiones alcanzan desde la adquisición de camiones y remolques a las instalaciones necesarias para la carga y descarga, vagones, muelles, construcciones, etcétera.

- Es una inversión la participación financiera en otra empresa del sector, parcial o total, con la idea de reducir la competencia y crecer en volumen de trabajo y facturación.

3.1.3. Pagos

El **pago** es la salida de dinero para satisfacer una deuda, producida por un gasto realizado o una inversión efectuada. Puede ser anticipado, en el mismo momento en que se adquiere el bien o el servicio (pago al contado), o en un vencimiento diferido. Mientras que el gasto es un concepto de carácter **económico** (afecta a la economía de la empresa, a sus beneficios o pérdidas), el pago es un concepto de carácter **financiero** (afecta al estado de la tesorería, pero no implica ni beneficio ni pérdida).

Ejemplo de pago

Trans-Aragón, SL, paga las nóminas en 14 pagas. Cada mes que transcurre se devenga un **gasto** equivalente a la catorceava parte del contrato anual, independientemente de cuando se paga.

EMPRESA	EMPLEADO		
Trans-Aragón, S.L.	Sigfrido Huertas Toledano		
DOMICILIO	CENTRO DE TRABAJO	CATEGORIA	
Mora de Rubielos, 4 bajos	División Noreste	Conductor	
POBLACIÓN	NÚMERO DE AFILIACIÓN S. SOCIAL	ANTIGÜEDAD	N.° MATRÍCULA
Zaragoza	08/0249556875	43394	99999

DETERMINACIÓN DE LAS BASES DE COTIZACIÓN

REMUNERACIÓN TOTAL	PRORRATA	TOTAL	BASE TARIFADA	CONTRIB. AT	BASE I.R.P.F.
3.405,88	567,65	3.973,53	3.166,20	3.166,20	3.405,88

RETRIBUCIONES

RETRIBUCIÓN MENSUAL	3.005,88
DIETAS	400,00
TOTAL RETRIBUCIONES	3.405,88

DEDUCCIONES APORTACIÓN EMPLEADO

Contingencias comunes	Desempleo	I.R.P.F.	TOTAL A DEDUCIR
148,81	52,24	720,68	921,73
4,70%	1,65%	21,16%	

FECHA DE PAGO : 28 de abril de 2029

TOTAL NETO A PERCIBIR	2.484,15

Figura 3.1. Ejemplo de nómina de un conductor.

Actividad propuesta 3.1

Material: No es necesario.

Contexto: Una conversación informal entre pequeños empresarios del transporte.

Cuestiones: Reflexiona sobre las siguientes afirmaciones, comprueba si son ciertas o no y explica el porqué.

a) «No puedo pagarte ahora ya que este mes de diciembre, a causa de la paga extra, he tenido muchos gastos».

b) «He llenado el depósito con 500 € de carburante. No salgo hasta el mes que viene, pero así ya está todo preparado. Págame este gasto, por favor».

c) «¡Acabo de pagar el seguro de la furgoneta, vaya gasto he tenido hoy!».

d) «Nos ha llegado ya la factura de la reparación, la pagaremos en marzo, ya que hemos tenido demasiados gastos este mes».

Actividad propuesta 3.2

Material: Herramientas Office.

Contexto: A un nuevo mecánico próximo a ingresar en la plantilla, se le comunica: «Va usted a recibir 38 000 euros anuales, distribuidos en catorce pagas, julio y diciembre, más una prima fija y anual de 1000 euros a percibir cuando se celebre la junta de accionistas, en el mes de marzo de cada año, todo ello neto después de impuestos».

Cuestiones:

a) ¿Cuál es el gasto para la empresa en el mes de marzo?
b) ¿Cuál es el gasto para la empresa en el mes de diciembre?
c) ¿A cuánto ascienden los pagos de la empresa a este mecánico, en el mes de julio?
d) ¿Y en el mes de marzo?

3.1.4. Ingresos

En las iniciativas empresariales los **ingresos** se generan al vender un bien o prestar un servicio a cambio de contraprestación, en este caso un servicio de transporte u otro de carácter logístico.

Las mercancías o trabajos realizados se detallan en una factura, documento que, entre otras funciones, acredita el ingreso por facturación o ventas. En las actuaciones logísticas, la facturación generadora de ingresos corresponde a los servicios prestados de carga y transporte de mercancías, estiba y flete, almacenaje, distribución, gestión documental de aduanas, entrega urgente y servicios especiales.

Observando el concepto estrictamente desde el punto de vista de la técnica contable, el ingreso es un incremento que se produce en el patrimonio neto de una empresa fruto de una operación económica, sin tener en cuenta posibles aportaciones de los socios o propietarios. Al prestar un servicio de transporte se genera el derecho a cobrar una cantidad de dinero de aquel quien ha contratado el servicio, derecho que no existía con anterioridad al contrato y ejecución del servicio, por lo que se produce un **incremento neto** en el valor patrimonial de la empresa. Las aportaciones de socios y propietarios de la empresa no se consideran ingresos.

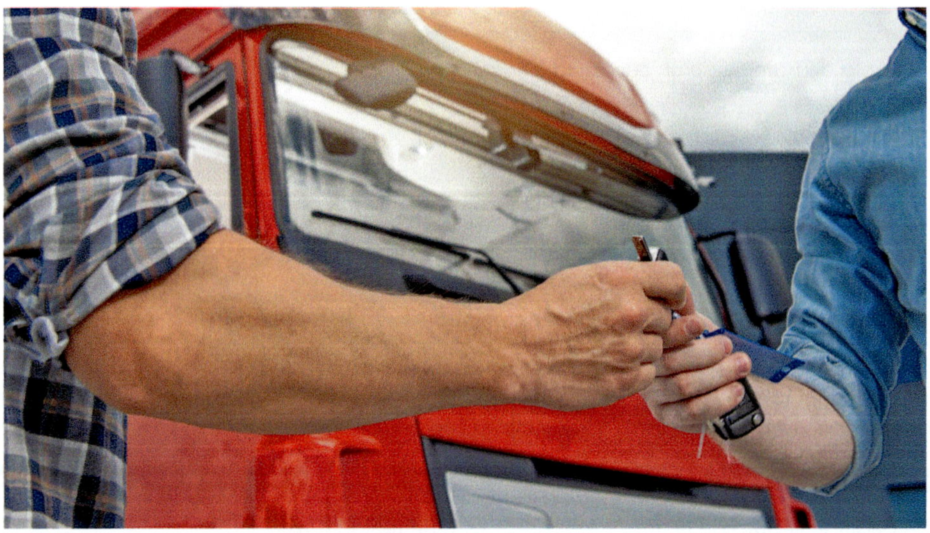

Figura 3.2. Si una empresa transportista decide vender alguno de los vehículos de su flota para reducirla generará un ingreso que se reflejará en el incremento de su patrimonio neto.

El concepto de ingreso no debe confundirse con el **cobro** o entrada de dinero efectivo, acto de carácter meramente financiero que se produce en la fecha de vencimiento de la factura. Esta fecha puede ser anterior al trabajo efectuado (cobro anticipado), puede ser en el mismo momento de la presentación de la factura (cobro al contado) o bien puede ser posterior (cobro diferido). El cobro **no** es el ingreso, y conviene aclarar la confusión cometida por la expresión de uso corriente «ingresar dinero en el banco», no aplicable al concepto técnico de ingreso que define la contabilidad, sino que se trata de una locución popular.

El ingreso se genera y contabiliza en la fecha de emitir la factura justificativa de un trabajo logístico prestado a terceros.

Casos como ejemplo de ingresos

- La empresa Trans-Aragón, SL, posee una flota propia compuesta por cinco camiones de pequeño tonelaje. Tiene concertado a distintos productores el transporte de peras y manzanas desde Lleida a Zaragoza. Cada vez que realiza un servicio expide una factura, de acuerdo con el precio y las condiciones de pago convenidas. En el momento que emite la factura y la presenta al productor, se genera un **ingreso** para Trans-Aragón, SL, ya que, fruto del trabajo realizado, se producirá un incremento de patrimonio neto, materializado en un derecho a cobrar del productor de Lleida. Más adelante se producirá el cobro o entrada de dinero efectivo en las cuentas de Trans-Aragón, SL, sin que ello vaya a representar ingreso, ya que este se ha generado (se ha devengado) en el momento de la expedición de la factura.
- Los socios o propietarios de Trans-Aragón, SL, acuerdan aumentar el capital a fin de dotar a la empresa de la capacidad de adquirir nuevos vehículos con los que atender la creciente demanda. Este incremento en el patrimonio neto no es un ingreso, puesto que se trata de una aportación de capital.
- Cruz Roja Española posee un número importante de ambulancias con las que presta sus servicios de transporte, en su caso de enfermos o de material sanitario. Sus ingresos proceden de subvenciones, ayudas y sorteos.

Actividad propuesta 3.3

Material: No es necesario.

Contexto: Una conversación informal entre pequeños empresarios del transporte.

Cuestiones: Reflexiona sobre las siguientes afirmaciones y comprueba si son ciertas o no, desde el punto de vista de la imputación contable:

- «El cliente ha ingresado en el banco la deuda pendiente, por tanto, hemos conseguido un ingreso».
- «En los ingresos de este año, deberemos considerar la firma del contrato para la ruta Madrid-París, que nos reportará 100 000 euros anuales de facturación».
- «Este mes hemos facturado 50 000 euros, estos son nuestros ingresos».

Ingresos y gastos conforman el **resultado bruto** obtenido en un determinado período, por ejemplo, un año. Este resultado constituye la base impositiva (salvo que existan ajustes fiscales) sobre la que se aplica el Impuesto sobre Sociedades o el IRPF si se trata de empresarios autónomos. El resultado final es el beneficio o pérdida obtenido en un ejercicio, o **resultado neto.**

Como resulta evidente, si los ingresos son superiores a los gastos el resultado será positivo, en definitiva, se producirá beneficio. En caso contrario, si los gastos son superiores a los ingresos, el resultado será negativo, se producirán pérdidas.

3.1.5. Costes

El concepto de **coste,** en el transporte y la logística, se refiere al **esfuerzo económico** que la empresa dedica a realizar cada uno de los servicios que ofrece.

Caso como ejemplo de coste

Un transportista debe consumir necesariamente carburante o electricidad en el ejercicio de su trabajo. El carburante o la electricidad son gastos que significan **costes** del servicio.

La **totalidad de gastos** determinados por la contabilidad en un ejercicio equivale a la **totalidad de costes** incurridos en el mismo ejercicio; se trata pues de un **enfoque distinto** de los mismos conceptos; mientras los gastos se consideran desde el punto de vista económico y contable, útil para la distribución de beneficios y el pago de impuestos, los costes conforman un concepto analítico, útil para la preparación de presupuestos, estimaciones, valoración de actividades y otras funciones propias de la gestión del transporte y la logística.

La mayor parte de empresas dedicadas del sector, además de la contabilidad general exigida por el Código de Comercio y las disposiciones fiscales, disponen de sistemas de información interna de carácter analítico o **contabilidad de costes.** Estos sistemas de información interna, aun cuando no sean exigidos por la normativa fiscal, son de importancia extrema en la gestión, debido a su alta **capacidad de interpretación** de la rentabilidad de los transportes que lleva a cabo la empresa.

3.2. Centros de costes

Conocer y relacionar con fiabilidad dónde se producen las decisiones de trascendencia económica y financiera permite a la dirección de la empresa llevar a cabo cambios o **mejoras centradas** en el punto concreto necesario. Paralelamente, este conocimiento permite asignar **responsabilidades** a las personas que están al frente y controlar sus resultados eficazmente. Estas razones justifican la necesidad de implantación de un **sistema analítico o de contabilidad de costes** en las organizaciones y grupos empresariales logísticos.

Figura 3.3. Todas las empresas de transporte incurren en unos costes altos, el objetivo es mantener el equilibrio con los ingresos para poder cubrirlos y obtener beneficios. Sin embargo, esto puede ser muy complejo, sobre todo, para aquellas empresas de reciente creación.

3.2.1. Contabilidad analítica o de costes

Para una efectiva gestión empresarial, la información económica y financiera periódica que aporta la contabilidad es todavía insuficiente. La contabilidad general, a través de la aplicación metódica del Plan General de Contabilidad (PGC), favorece una exacta visión de cuál es la naturaleza de los gastos producidos, a cuánto ascienden, en qué momento temporal se producen. Esta valiosa información está orientada fundamentalmente a la determinación del resultado obtenido, beneficio o pérdida, de la empresa como una sola unidad, como un solo sujeto jurídico. El enfoque permite conocer a cuánto ascienden las nóminas de mecánicos y conductores, el mantenimiento de los vehículos y sus consumos, los impuestos, la financiación bancaria y cualquier otra operación de contenido económico, todo ello con la solidez y el valor jurídico imprescindible, pero no informa acerca de **dónde se producen** en el interior de la empresa las decisiones de llevar a cabo los gastos ni **sobre quién** descansa su responsabilidad, funciones que resuelve la contabilidad analítica. Para ello, en las empresas de una cierta entidad organizativa, se establecen mecanismos de control mediante la definición de **centros de coste,** donde quedan reflejados los gastos incurridos en el ejercicio del transporte y sobre los que se soporta el sistema analítico.

Así pues, el análisis de los costes ofrece una visión interesada en profundizar en la obtención de los resultados e identificar su origen, a fin de tomar decisiones correctoras precisas allá donde sea necesario. La idea general es llegar a identificar la responsabilidad de todos los agentes implicados en el resultado total de la empresa, considerado como la **suma de resultados parciales** obtenidos por cada uno de ellos.

Otra utilidad del cálculo de costes, de enorme trascendencia, es la **fijación de precios** de venta de los servicios. A partir del conocimiento del coste de una unidad, puede fijarse con un sencillo cálculo aritmético el precio de venta de los servicios más conveniente, en función de los precios de la competencia y en coherencia con la estrategia general de mercado.

Caso como ejemplo de contabilidad de costes

Si mediante técnicas analíticas se llega a conocer el coste por kilo transportado o por kilómetro recorrido o una combinación de ambos factores, es sencillo establecer un precio del servicio prestado por el simple método de sobrecargar el coste con un porcentaje aprobado por la dirección, quien considerará si el resultado es competitivo:

Supuestos los datos siguientes:

- Coste: 1500 €.
- Porcentaje aplicable: 30 %.

El precio del servicio sería de: 1500 × 1,30 = 1950, y el margen bruto obtenido por servicio: precio – coste, 1950 € – 1500 € = 450 €.

3.2.2. Identificación de los centros de coste

Es muy común, aunque no imprescindible, definir centros de coste tomando como punto de partida la organización por departamentos que la empresa tiene establecida orgánicamente (véase Apartado 1.2.4), asignando un código de centro de coste a cada departamento, área o división. Además de estos, se definen otros centros de coste cuya misión es la acumulación y distribución de costes, compuestos por gastos generales o de estructura de la propia empresa.

El establecimiento de criterios para definir los centros de coste y su codificación es libre y flexible, no está sujeta a esquemas preestablecidos, sino que puede ajustarse a conveniencia. El ejemplo

d) Si la estructura interna da la empresa de transportes lo permite, es una muy buena opción el definir como centro de coste cada uno de los vehículos que componen la flota. De esta forma, conseguir datos relevantes acerca de los costes por unidad operativa es relativamente sencillo.

De la misma forma, como sucede con la identificación de los centros de coste, la codificación es libre y flexible, no está sujeta a esquemas preestablecidos, sino que puede ajustarse a conveniencia. Es corriente un código formado por tres, cuatro o cinco dígitos, dependiendo de la mejor configuración del sistema informático usado.

En el **ejemplo** de la tabla siguiente, se ha optado por una codificación de cuatro dígitos:

Tabla 3.1. Ejemplo de centros de costes en una empresa de transportes

Código del centro de coste	Descripción de los centros de coste
5000	Estructura general
5001	Calidad
5002	Dirección de personas
5003	Dirección económica y financiera
5004	Dirección comercial
5005	Dirección de explotación
5006	Almacén
5007	Dirección de tráfico
5008	Tráfico, zona Centro
5009	Tráfico, zona Norte
5010	Tráfico, zona Sur

Actividad propuesta 3.4

Material: Hoja de cálculo.

Contexto: Organigrama estructural de la empresa donde el alumnado realiza las prácticas o el sistema DUAL, o bien, en cuanto proceda, el organigrama de una empresa conocida de la comarca.

Cuestiones:

a) A partir de las explicaciones del tutor/a de empresa, diseña un modelo de organigrama, con los elementos esenciales desarrollados, referentes al transporte.

b) Presenta una propuesta de estructura de centros de coste adecuada al organigrama, con la codificación correspondiente.

c) Define los contenidos más importantes que deben contener los centros de coste. Propón ejemplos concretos.

3.3. Estructura de costes de la empresa de transporte de mercancías

La estructura de costes propia de una empresa transportista se caracteriza por la fuerte necesidad y presencia de activos dedicados al servicio, fundamentalmente instalaciones logísticas y vehículos, por tanto, con un componente de costes fijos importante.

3.3.1. Costes fijos y variables

Se consideran **costes fijos** aquellos gastos que deben asumirse aun cuando la actividad de la empresa sea nula y los vehículos permanezcan parados. No dependen de la mayor o menor cantidad de transportes realizados, sino que están fijados en compromisos con terceros mediante algún tipo de contrato mercantil, laboral o cualquier otro y, por tanto, no pueden soslayarse. Pueden variar a lo largo del tiempo en función del IPC u otro referente, pero no por ello pierden el carácter de fijos.

Casos como ejemplo de costes fijos

- **Financiación.** Los intereses y las comisiones comprendidos en la operación financiera, si el elemento se ha adquirido mediante algún tipo de préstamo bancario.
- **Amortización.** El coste anual de amortización calculado de acuerdo con el criterio, los plazos establecidos y el valor residual estimado.
- **Retribuciones.** El coste imputable es el sueldo bruto anual del personal de conducción, más los costes empresariales de la seguridad social, sin incluir las dietas, concepto que por su importancia en la gestión debe mostrarse independiente.
- **Impuestos.** El IVTM (impuesto de vehículos de tracción mecánica), identificado para cada vehículo.
- **Seguros.** Las cuotas anuales de seguros, con independencia de su naturaleza, son gastos fijos del desempeño del transporte.

Figura 3.5. Una buena póliza de seguro de un vehículo comercial es fundamental para abordar cualquier imprevisto. Protege el negocio de dificultades financieras a causa de averías, accidentes, robos, etcétera.

Se consideran **costes variables** aquellos que aumentan o disminuyen conforme aumentan o disminuyen las operaciones de transporte realizadas, y, consecuentemente, de los ingresos por facturación.

Casos como ejemplo de costes variables

- **Dietas.** Las retribuciones por este concepto, como gasto variable directo de un viaje, una ruta, etcétera.
- **Carburante.** El consumo directo de carburante de cada vehículo, dato que debe obtenerse a partir del registro metódico de las cargas. Puede añadirse aquí el coste de los productos químicos anticontaminantes que requieren algunos motores. En las medianas y grandes empresas en las que el suministro de carburante procede de un depósito común, es necesaria previamente una atribución de costes previa, basada en el consumo medio por kilómetro recorrido y el número total de kilómetros recorridos anualmente.

relación directa entre costes e ingresos por los servicios prestados, son evaluables y no necesitan de ningún criterio específico para ser imputados.

Caso como ejemplo de costes directos

Casa Tarradellas, SA, ha crecido en facturación de productos cárnicos frescos en el centro de la Península, por lo que decide ampliar la ruta con un servicio adicional. Solicita presupuestos a varios transportistas.

La empresa logística JCarrión, SL, que se beneficia de un excelente sistema de cálculo de costes, estima de acuerdo con las condiciones laborales pactadas en convenio colectivo, cuáles serán las retribuciones, las dietas y los seguros sociales de los conductores que atenderían este trayecto. Para JCarrión, SL, se tratará de gastos directos de la nueva línea de trabajo.

Ejemplos de costes directos para una línea nueva que realice el recorrido de la línea Barcelona-Madrid serían los carburantes consumidos en el trayecto o los peajes de autopista si los hubiera.

La amortización es un coste directo del centro donde está asignado el equipo, la instalación o el vehículo que se amortiza de la nueva línea.

- **Costes indirectos.** Son costes indirectos aquellos de carácter común que no pueden asignarse inequívocamente a una función logística concreta o a una ruta específica. Pueden ser también fijos o variables, puesto que ambas clasificaciones son independientes entre sí. En el momento de la contabilización del gasto se asignan provisionalmente a un centro de coste genérico. En una fase posterior se distribuyen mediante la aplicación de un determinado **criterio de reparto,** estudiado previamente como el más ajustado, preciso e interpretable.

Casos como ejemplos de costes indirectos

- Los gastos administrativos de confección y pago de las nóminas, así como todos los propios de la gestión de recursos humanos, son costes indirectos de cualquier centro de coste donde existan empleados, en la medida que es un gasto común para todos ellos.
- El coste que significa para la empresa la gestión administrativa de facturación y cobro de los transportes realizados está compuesto, entre otros gastos, por:
  - Nóminas y seguros sociales de los empleados.
  - Material de oficina y suministros informáticos.
  - Servicios de limpieza de las oficinas.
  - Consumo eléctrico.

  El conjunto de los gastos incurridos es un coste indirecto para cada una de las rutas establecidas como centros de coste finales.

Actividad propuesta 3.6

Material: Herramientas Office.

Contexto: Clasificación de los costes en directos e indirectos.

Cuestiones: Observa el trabajo de una empresa especializada en transportar pescado fresco desde la lonja a la ciudad, para su distribución posterior entre los restaurantes y mercados.

a) Enumera los costes directos más relevantes propios de transporte de pescado. Clasifícalos en fijos y variables.

b) Cita aquellos posibles costes indirectos que aumentan o disminuyen de acuerdo con el mayor o menor número de operaciones de transporte en la distribución del pescado.

Figura 3.7. Mantener las instalaciones logísticas en perfecto orden de uso y servicio implica limpiarlas y ordenarlas. Esto supone un gasto anual que debe ser contemplado en la partida de costes indirectos.

3.4. Métodos de imputación de costes indirectos

El procedimiento para activar y mantener un sistema de información analítico consiste en asignar a cada gasto producido en la empresa el código del centro de coste que identifica la unidad operativa o área donde se ha producido, de forma que los sistemas informáticos puedan tratar el proceso eficaz y automáticamente con total eficiencia del proceso.

3.4.1. Proceso de imputación de costes

La imputación de costes se produce en varias etapas o fases, el alcance de las cuales depende en gran medida del volumen de información tratado y del nivel de profundidad que se desea obtener.

A) Primera fase

En el mismo momento de registrar un gasto en la contabilidad, junto al código de cuenta se indica el código del centro de coste donde este se ha producido o de quién es la responsabilidad de su ejecución. Mediante este método, a todos y cada uno de los gastos, además de la definición según su naturaleza de la contabilidad general, se les asigna un **origen,** identificación que permitirá conocer la evolución histórica centro a centro y permitirá actuar en el futuro directamente en aquellos puntos donde se hayan producido desviaciones en el presupuesto.

La suma de los importes registrados en los centros de coste es igual al total de gastos contabilizados en el ejercicio en la Cuenta de Pérdidas y Ganancias. En cualquier momento se podrá saber no solo la naturaleza de los gastos (Plan General de Contabilidad), sino también el destino que se les ha dado y el origen de la decisión.

Casos como ejemplos

- **Sueldos y salarios:** se asignan a los centros de coste donde desempeñan su función cada uno de los empleados.
- **Consumo de carburante:** se asigna al centro de coste que identifica la ruta donde se ha consumido.

B) Segunda fase

En numerosos casos los gastos no son atribuibles únicamente a un solo centro de coste, sino que lo son a dos o más centros. Para solventar este problema, en la primera fase se han codificado provisionalmente en un código de carácter genérico, pero ya dentro del proceso analítico, estos centros genéricos se distribuyen, mediante un determinado criterio o **parámetro de distribución,** entre aquellos sobre los que se desea repercutir el coste. Este proceso se repite cuantas veces sea necesario hasta alcanzar el coste individualizado de los centros definidos como finales.

Son posibles parámetros de distribución o criterios de reparto los siguientes:

- Número de kilómetros recorridos.
- Horas trabajadas.
- Superficie ocupada.
- Potencia instalada.
- Número de documentos tratados.
- Número de empleados.
- Criterio lineal.

Casos como ejemplos

- **Arrendamientos.** En un edificio ocupado por la empresa en régimen de arrendamiento, puede coexistir un almacén en la planta baja junto a unas oficinas en el primer piso donde se controla el tráfico de mercancías y un tercer piso donde se ubica la administración general. En este supuesto, la imputación del coste del alquiler a cada centro puede calcularse proporcionalmente a la superficie ocupada.
- **Consumo energético.** Es normal que exista un solo contador que identifique el gasto energético de una única planta de oficinas u otras instalaciones. Si en la oficina se ubican las administraciones de recursos humanos, contabilidad, tesorería, facturación y la propia dirección, para conocer el importe del gasto eléctrico de cada centro de coste se distribuirá según un criterio adecuado y razonable.

  Ejemplo, la potencia instalada a disposición de cada uno.
- **Gastos de publicidad y marketing.** Son gastos comunes para el conjunto de la empresa que se asignan a un centro de coste definido como de estructura general de la empresa, a redistribuir más adelante.

  Ejemplo, en función del número de empleados de cada centro de coste.
- **Seguros.** La contratación de seguros en las compañías de transporte se realiza para todo el parque móvil en su conjunto, para negociar mejor y obtener mejores precios. La atribución del coste de los seguros generales del transporte a cada centro de coste final (divisiones, rutas, especialidades, etc.), puede basarse en el número de kilómetros reales o estimados para cada uno de ellos.

Sabías que

Existe además de los directos e indirectos otro tipo de gastos, **los gastos ocultos,** estos se refieren a aquellos costes que no se han previsto y que responden a algún tipo de ineficiencia que acaba provocando gastos superfluos o innecesarios que se han generado por falta de planificación o mal uso de los recursos, por ejemplo, gasto excesivo de electricidad en las instalaciones que no se están utilizando, agua, combustible, etcétera.

Figura 3.8. La publicidad para empresas de transporte es una herramienta de posición en el mercado muy estratégica. Ponerla en marcha supone un coste importante que ha de ser imputado en la partida de costes indirectos.

Actividad resuelta 3.3

Transportes García Santos, SL, ofrece los servicios de tres vehículos. El Iveco realiza 400 000 km anuales, el Mercedes Benz realiza 600 000 km y el Renault 500 000 km. Se ha pactado un seguro general para todos los vehículos, con un coste anual de 30 000 euros.

Calcula y expón en un cuadro un posible criterio de imputación proporcional al kilometraje y otro con una distribución lineal.

Solución:

			Coste de los seguros	
Vehículo	**Póliza**	**Kilómetros**	**Criterio proporcional**	**Criterio lineal**
Iveco	30 000	400 000	8000	10 000
Mercedes		500 000	10 000	10 000
Renault		600 000	12 000	10 000
		1 500 000	**30 000**	**30 000**

Actividad propuesta 3.7

Material: Herramientas Office.

Contexto: Proceso de imputación de costes. El control del consumo eléctrico de las oficinas administrativas de la agencia de transportes se realiza desde un solo contador. El consumo anual asciende a 400 000 €. La oficina de personal ocupa 20 m^2, la de contabilidad, 25 m^2, el despacho del director, 18 m^2, el despacho del jefe de explotación, 15 m^2.

Cuestiones:

a) Imputa a cada centro de coste el consumo de electricidad que supuestamente consume, según el criterio de número de metros cuadrados que deben ser iluminados.

b) En la hipótesis que se conociera la potencia instalada de cada área, ¿sería más aconsejable usar o no este criterio? Razona la respuesta.

c) ¿Es aplicable el criterio lineal en este ejemplo? Explica tu punto de vista.

3.5. Modelos de cálculo de costes

La metodología descrita acerca de la imputación de los gastos a los centros de coste y su posterior distribución entre otros centros de costes dependientes se puede contemplar desde dos puntos de vista distintos y compatibles entre sí, elegibles en función de las necesidades de interpretación de los costes de transporte. Se trata de visualizar y analizar el sistema de costes desde el punto de vista **histórico** y desde el punto de vista **estándar.**

Costes **históricos** son aquellos que se basan en el cálculo del **coste real** acaecido en el período, tramo o centro que se desea analizar. Esto consiste, sencillamente, en volcar la totalidad de los gastos reales registrados por la contabilidad general, en un período dado, sobre el sistema de información analítico y trabajar en este nuevo entorno, en el que se podrán obtener conclusiones útiles para la óptima gestión transportista. El estudio de los costes históricos o reales observados en un período determinado presenta unos resultados ciertamente exactos, pero únicamente referidos a aquel período, sin que lleguen a constituir una base predictiva suficientemente válida para actuaciones futuras, ni para una observación general del sector.

Casos como ejemplos

- En la ruta fija entre los centros de distribución A-B, que lleva a cabo un mismo transportista con regularidad mediante contrato estable pactado, se produce en el año X una intervención gubernamental para mejorar la red viaria. Esto implica una desviación temporal de la ruta y ahora con mayor distancia, y, por tanto, de fuerte incremento de los costes. Este incremento es cierto, pero en la medida que la desviación en ruta es temporal, cabe deducir que no va a producirse en el futuro.
- El efecto de la pandemia de 2020-21, en la hipótesis de que en una agencia de transportes no hubiera afectado a las operaciones y se hubieran mantenido los ingresos, inevitablemente hubiera supuesto un fuerte incremento de los costes laborales, al incidir sobre la salud de los empleados y requerir medidas de protección adicionales, suplencias y sustituciones, etc. Esta incidencia histórica y real no debería constituir la base del análisis de la buena o mala gestión empresarial del transporte, en la medida que previsiblemente la pandemia evolucione en positivo.

Es por ello, que el sistema analítico de costes de las empresas de transporte debe trabajarse fundamentalmente mediante costes estándar. **Costes estándar** son aquellos que sirven como modelo general o punto de referencia del sistema analítico, independientemente de las desviaciones positivas o negativas que se van produciendo sistemáticamente en relación con los costes reales o históricos. Son aquellos que la empresa **espera** se produzcan en condiciones normales, y por tanto son útiles para el cálculo del presupuesto general o presupuestos parciales dentro de la función transportista.

Para la determinación de los costes estándar, la herramienta más útil es la estadística, de la cual, la **media aritmética** de varios períodos es el mayor exponente. Otra posibilidad es la de considerar estándares los mejores costes del sector conocidos, o *benchmarking*.

Para establecer y organizar un sistema analítico de costes estándar dentro del transporte, debe prepararse un presupuesto de gastos, centro de coste por centro de coste, en el que cada concepto calculado como media aritmética de (por ejemplo) cinco años supusiera un referente presupuestario con el que comparar los resultados anuales, o costes estándar.

Sabías que

Benchmarking viene de la palabra de origen inglés *benchmark*, cuyo significado es «referencia». Se trata de una importante herramienta de gestión de la organización del transporte, esencial para el perfeccionamiento del proceso.

Caso como ejemplo

Euro Transportcar se dedica al transporte punto a punto de toda clase de vehículos por territorio nacional. Para ofrecer sus mejores tarifas para cada cliente, trabaja mediante un algoritmo de cálculo en el que intervienen básicamente tres parámetros:

- Peso y dimensiones del vehículo a transportar.
- Kilómetros por recorrer.
- Plazo de entrega.

Estos parámetros han sido utilizados para el cálculo del coste de las operaciones, ya que de ellos depende. Sobre este coste la empresa sobrecarga el margen de beneficio que considera suficiente y competitivo en relación con el mercado y la competencia, garantizando de esta forma un **margen bruto** por operación.

Actividad propuesta 3.8

Material: Herramientas Office. Acceso a internet.

Contexto: Modelos de cálculo de costes. Transporte de un piano.

Cuestiones:

a) Solicita en línea varios presupuestos gratis para trasladar un piano desde un punto a decidir por el profesorado hasta tu domicilio. Analiza el porqué de los datos que solicitan. ¿Están relacionados con sus costes?

b) Compara los parámetros de los servicios analizados en la actividad con los del ejemplo del texto (Euro Transportcar). ¿Se trata de los mismos costes? Explica y comenta tu experiencia.

3.6. Observatorio de costes de empresas de transporte

Establecidos los criterios para definir los centros de coste relacionados con el organigrama, los criterios de distribución de los costes estructurales y aprobado el modelo a seguir, es posible ya el cálculo efectivo por unidad de servicio.

La metodología es sencilla, y puede sintetizarse en tres pasos:

1. Calcular los costes directos a la actividad de transporte al nivel previsto al definir los centros de coste.
2. Repercutir y agregar los costes indirectos procedentes de la estructura de la empresa (gastos comunes) sobre los centros de coste ya establecidos.
3. Calcular, por simple cociente, el coste por unidad productiva deseado.

Los ejemplos siguientes muestran un modelo sencillo de imputación de costes.

Actividad resuelta 3.4

Transporte Díaz, SL, es una pequeña empresa ubicada en la zona franca, en una nave de alquiler, con zona de carga y descarga de 1500 m^2 y unas oficinas de 200 m^2, por el que paga 120 000 € anuales. La instalación eléctrica se usa para la iluminación de las oficinas y para las instalaciones de plataformas de carga y descarga, 500 W y 800 W respectivamente, con un coste energético anual de 80 000 €. La actividad de transporte por carretera atiende a una línea permanente Barcelona-Bilbao (600 km) y a otra línea fija Barcelona-Valencia (350 km). Asume un coste de seguros de transporte de 40 000 € anuales.

Entre otros, tiene definidos los centros de coste de «base logística», «oficinas», «línea BB», «línea BV».

Indica cómo sería la distribución de gastos indirectos.

Solución:

Los gastos serían proporcionales al criterio aceptado, tal como sigue:

		Oficinas	Base logística	Total m^2
Superficie		200	1500	1700
Coste alquiler edificio	60000			
Distribución del coste		7059	52941	60000
		Oficinas	**Zona de carga**	**Total kW**
Potencia instalada		500	800	1300
Coste consumo eléctrico	50000			
Distribución del coste		19231	30769	50000
		Línea BB	**Línea BV**	**Total km**
Kilómetros asignados		600	350	950
Coste seguros	40000			
Distribución del coste		25263	14737	40000

Actividad propuesta 3.9

Material: Ejemplo de información contable de la Figura 3.5.

Contexto: Contabilidad analítica o de costes. Cálculo del coste por centros.

Proceso: Los importes procedentes de la contabilidad, Cuenta de Pérdidas y Ganancias, mostrados en la primera columna (Total), han sido asignados a los centros de coste ya desde el momento en que son contabilizados, mediante un código adjunto a la cuenta contable.

		Distribución			
Concepto/cuenta	**Total**	**Estructura**	**Ruta A**	**Ruta B**	**Ruta C**
Alquiler	25 000	25000			
Mantenimiento cont.	90 000		30000	30000	30000
Mantenimiento oc.	45 000		30000	10000	5000
Subcontratación	250 000		70000	85000	95000
Primas de seguros	15 000		5000	5000	5000
Carburantes	23 000		13000	5000	5000
Tributos	2000	2000			
Sueldos y salarios	200000	50000	50000	50000	50000
Seguridad social	60000	15000	15000	15000	15000
Dietas	15000		5000	5000	5000
Gastos financieros	20000	20000			
	745000	112000	218000	205000	210000
Distribución estructura			37333	37333	37333
Coste total			255333	242333	247333
Kilómetros recorridos			150000	145000	155000
Coste por kilómetro			1,7022	1,6713	1,5957

Los gastos directos incurridos en cada una de las rutas han sido ya identificados; en el cuadro del ejemplo, se encuentran situados por su importe total en la casilla que les corresponde según su naturaleza (Concepto/cuenta) y según el centro de coste que les corresponde (Estructura, Ruta A, Ruta B, Ruta C); el paso siguiente consiste en atribuir a cada uno de los centros de coste de explotación la parte de gastos de estructura que se considera les son imputables. En este caso, el alquiler de las oficinas, los tributos locales, los sueldos y gastos sociales de la dirección y los gastos financieros, considerados gastos de estructura por un total de 112 000 €.

Como criterio, en este ejemplo, se ha considerado que las tres rutas deben asumir una tercera parte cada una. Se trata de un criterio abierto; en casos reales, pueden aplicarse otros criterios: proporción al número de empleados, kilómetros recorridos u otros. Los gastos de estructura se han dividido por 3 e imputado a cada uno de los centros de coste que se refieren a rutas concretas. La suma de costes directos a cada ruta, más los adicionales por repercusión de los gastos de estructura conforman el coste final de cada ruta.

Figura 3.9. Los **gastos de explotación** son los costes en los que incurre una empresa y que están relacionados directamente con la actividad principal del negocio.

A partir de este dato final, el coste acumulado final simplemente se divide por el número de kilómetros recorridos, el número de horas trabajadas o cualquier otro criterio que se estime adecuado por la dirección, alcanzando así el coste unitario.

Actividad propuesta 3.10

Material: Hoja de cálculo.

Contexto: Proceso de imputación de costes. Ejemplo de distribución de costes.

Cuestiones:

a) Consigue la cuenta de resultados de una empresa de transportes real, bien sea a través de su página web o a través de un intermediario en la red (por ejemplo, Einforma).

b) Construye una hoja de cálculo de costes siguiendo el modelo del texto, distribuidos por rutas, con los datos reales obtenidos.

c) Establece una hipótesis de distribución de costes, con datos supuestos razonables, siguiendo el modelo del texto.

Actividad propuesta 3.11

Material: Hoja de cálculo.

Contexto: Modelo de costes del transporte «Vehículo articulado de carga general». Costes del transporte por carretera, enero 2021. *Fuente:* Ministerio de Transportes, Movilidad y Agenda Urbana.

Cuestiones:

a) Desde la hipótesis de que el vehículo propio de un familiar o conocido se dedica al transporte, construye una hoja de cálculo con los datos reales o muy aproximados que puedas conseguir, siguiendo la estructura del modelo siguiente:

Vehículo articulado de carga general **Costes a 31 de enero de 2021**	**Costes anuales**	
	Euros (€)	**Distribución (%)**
Costes totales	**128 455,64**	**100,0 %**
Costes directos	**120 615,62**	**93,9 %**
Costes por tiempo	**57 015,98**	**44,4 %**
Amortización del vehículo	16 141,87	12,6 %
Financiación del vehículo	2759,96	2,1 %
Personal de conducción	30 964,90	24,1 %
Seguros	6380,45	5,0 %
Costes fiscales	768,80	0,6 %
Costes kilométricos	**63 599,64**	**49,5 %**
Combustible	34 030,76	26,5 %
Consumo de disolución de urea	1744,64	1,4 %
Neumáticos	5510,11	4,3 %
Mantenimiento	1903,08	1,5 %
Reparaciones	3746,40	2,9 %
Dietas	14 723,34	11,5 %
Peajes	1941,31	1,5 %
Costes indirectos	**7840,02**	**6,1 %**

Costes unitarios	**Total**	**En carga**
Kilometraje anual (km/año)	120 000	102 000
Horas anuales (h/año)	1800	1530
Costes unitarios	**Costes totales**	**Costes en carga**
1. Costes por kilómetro: costes totales/km (€/km)	1,0705	1,2594
2. Costes por hora: costes totales/horas (€/hora)	71,36	83,96
3. Costes por kilómetro y hora. Suma de:		
Costes kilométricos/kilómetros (€/km)	0,5300	0,6235
Costes temporales e indirectos (€/hora)	36,03	42,39

Nota: estos costes corresponden a la media nacional en las condiciones indicadas de explotación de este tipo de vehículo.

b) Una vez construida la hoja de cálculo con datos reales o muy aproximados a la realidad, muestra el gráfico correspondiente, siguiendo el modelo siguiente:

Vehículo articulado de carga general
Costes a 31 de enero de 2021

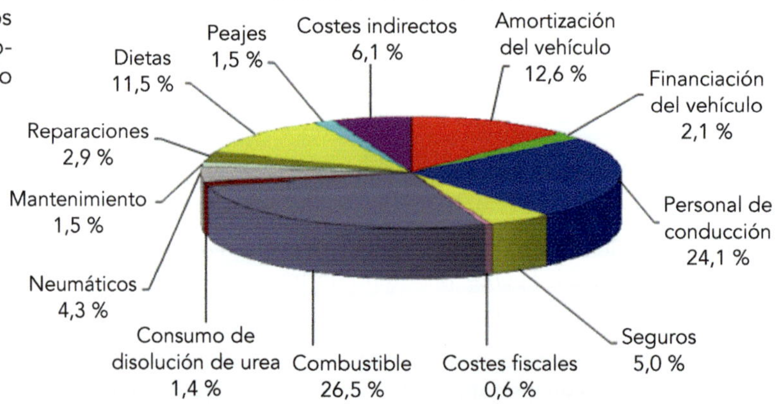

3.7. Coste de amortización

Cualquier vehículo o equipo dedicado al transporte de mercancías sufre deterioro y desgaste generado por el uso. Este deterioro obliga constantemente a la empresa a nuevas inversiones a fin de mantener la logística en perfectas condiciones. Se origina a causa de la mayor o menor **actividad** (kilómetros recorridos, horas trabajadas) o también debido al simple paso del tiempo (**obsolescencia técnica**). El fenómeno es extensible a todos los bienes productivos, no solo a los vehículos, ya que las instalaciones, utensilios y equipamiento general sufren, de una forma u otra, un deterioro o desgaste por su uso u obsolescencia.

Este deterioro o desgaste de los activos de las empresas logísticas significa una **depreciación** de su valor. Los activos valen menos cada vez a medida que se utilizan o quizá, todavía en buen uso, quedan obsoletos debido al avance de la tecnología y a la necesidad empresarial de ofrecer servicios competitivos.

La depreciación de los activos significa una disminución del valor del patrimonio de la empresa, disminución que debe reflejarse necesariamente en sus cuentas a fin de que estas muestren la **imagen fiel** que se les exige. El reflejo en la contabilidad de la depreciación debida al uso o a la obsolescencia de los activos se denomina **amortización.**

Figura 3.10. El coste de amortización es clave en la organización del transporte y un centro de interés permanente para las empresas del sector.

La amortización de los activos toma especial interés en las empresas de transporte y logística, en la medida que la **inversión inicial** necesaria es muy elevada, el desgaste y deterioro de la flota a causa de **altos kilometrajes** es muy significativo y la **renovación frecuente** de los vehículos es necesaria para mantener la empresa competitiva. Es por lo que la amortización de los camiones, furgonetas, carretillas de transporte (toros), y cualquier otro activo productivo supone uno de los **costes de explotación** más relevantes en las empresas dedicadas a la logística. Su contribución a la preparación de presupuestos o a la presentación de resultados destaca en primer término.

Funciones de la amortización

La amortización cumple distintas funciones:

En primer lugar, la amortización cumple con la **función económica** de recoger en los costes de explotación de las actividades logísticas el valor atribuido al desgaste por el uso u obsolescencia de los activos productivos. Las amortizaciones figuran en las cuentas de resultados presentadas por las empresas como **un gasto más** reductor de los beneficios. En este sentido, son imprescindibles para mostrar una imagen fiel de la empresa y de sus resultados, como exige la normativa contable, pero, además, y muy importante, forman parte inseparable de la confección de **presupuestos** comerciales.

La amortización es también una **fuente de financiación.** Observemos que se trata de un gasto corriente del trabajo del transporte que no implica un desembolso, sino que únicamente refleja en la contabilidad el valor atribuido a la depreciación de los activos productivos. El elemento patrimonial (un camión, por ejemplo), se contabiliza como una **inversión** (no como un gasto) y se paga en el momento de ser adquirido o quizá mediante pagos aplazados. A partir del primer momento en que empieza a transportar mercancías empieza ya a desgastarse por el uso, empieza a depreciarse, hasta alcanzar un momento al cabo de los años, de los kilómetros recorridos y de las horas trabajadas, en que debe sustituirse, a pesar de que probablemente mantenga cierta capacidad de servicio o **valor residual.** A lo largo de los años en que el vehículo, equipamiento o instalación están en funcionamiento, los resultados económicos del negocio se verán disminuidos por el coste de la amortización, ya que este figura como un gasto corriente en la Cuenta de Pérdidas y Ganancias. Este gasto no conlleva implícitamente una salida de tesorería, sino que se trata de un apunte contable. Como consecuencia de este procedimiento, la amortización de los bienes patrimoniales ofrece un **ahorro financiero,** o recuperación de toda o parte del valor de la inversión inicial, que podrá, si se desea, reinvertir.

Veamos el siguiente **ejemplo real:**

La empresa, cotizada en el Ibex, Logista, SA, presentó a sus accionistas unos beneficios logrados en el año 2021 de aproximadamente 165 millones de euros, a partir de unos ingresos a los que se habían deducido los gastos del ejercicio, incluidas las amortizaciones. Si, como es de esperar, todos los ingresos se acabaron cobrando y todos los gastos (excepto las amortizaciones) se acabaron pagando, al final quedó disponible una tesorería de 174 145 más 122 250 (miles de euros) de las amortizaciones, que no supusieron desembolso alguno, hasta alcanzar 296 395 miles de euros. Esta disponibilidad financiera generada a partir de los resultados económicos se define como ***cash-flow,*** o flujo de tesorería, concepto de uso intensivo en el análisis de empresas.

***Cash-flow* Logista, 2021 (miles de euros)**	
Resultados	174 145
Amortizaciones	122 250
Cash-flow	296 395

La lectura del cuadro de *cash-flow* explica claramente cómo la empresa ha conseguido un resultado neto en el ejercicio 2021 de 174 145 miles de euros, pero **ha generado caja** disponible por valor de 296 395 miles de euros.

Los administradores de Logista propusieron a la junta general de accionistas que parte de los resultados obtenidos debía ser distribuida como dividendos (*pay-out*) y que parte debía permanecer en la empresa como reservas, decisión variable cada ejercicio. Obsérvese cómo sería perfectamente posible, si así se decidiera, pagar un dividendo superior a los resultados obtenidos, gracias a la mayor disponibilidad de tesorería generada por las amortizaciones; esta decisión, no obstante, no sería recomendable para mantener a medio y largo plazo el equilibrio financiero de la empresa.

Así pues, el importe de las amortizaciones, más en su caso la parte asignada a reservas, procedente de beneficios obtenidos y no distribuidos entre los accionistas, pudo destinarse a financiar la reposición de los activos retirados de la actividad amortizados o bien a nuevas inversiones (**autofinanciación**).

Por último, las amortizaciones cumplen con una **función fiscal,** ya que se consideran gasto deducible de la declaración del Impuesto sobre Sociedades, de acuerdo con la normativa establecida por la Administración Tributaria.

Sabías que

El impacto de las amortizaciones en los resultados económicos obtenidos por las empresas es muy relevante en aquellas cuya actividad requiere de fuertes inversiones en infraestructuras, como sucede en la producción energética. En el mismo sentido, en el sector del transporte la definición de la política de amortizaciones es clave en la gestión.

Cálculo de las amortizaciones

La estimación del desgaste de una instalación, equipamiento o vehículo contiene un componente claramente **subjetivo** que conviene superar inmediatamente, puesto que el impacto económico de la depreciación se incorpora al sistema de costes y a la contabilidad con objetividad, con un valor monetario concreto. Es necesario, por tanto, establecer un **criterio razonable** de cálculo del coste de amortización, cuya característica principal debe ser su **permanencia** a lo largo del tiempo, puesto que un cambio de criterio de amortización trascendería inmediatamente a los resultados y los desvirtuaría.

No debe olvidarse, por lo demás, que, al ser un gasto deducible de la declaración del Impuesto sobre Sociedades, la Administración Tributaria impone su propio criterio al respecto, con la consecuencia de que, en caso de que la empresa adopte un sistema de amortización propio y distinto del fiscal, se produce una diferencia entre el resultado económico real y el resultado sujeto al impuesto. Esta diferenciación es normal y ajustada a la ley, pero es únicamente optativa. En numerosos casos, las empresas aplican el criterio fiscal también como criterio económico, solución que simplifica las cosas.

Para calcular el coste de la amortización en el sector logístico, son posibles varias alternativas, en las que en todas ellas intervienen tres variables:

a) **Valor de adquisición:** precio final al que se ha adquirido el bien. En caso de tratarse de un equipo producido por la propia empresa, se toma el coste histórico.

b) **Vida útil:** tiempo estimado, expresado en años, en que se espera que el equipo o vehículo se mantenga en actividad productiva, o bien el número de kilómetros que se espera que llegue a recorrer.

c) **Valor residual:** valor que se espera que el equipo o vehículo mantenga al final de la vida útil que se le ha asignado, materializable en los mercados de ocasión.

A) Método lineal

Es el método más sencillo. Consiste simplemente en estimar y aceptar como válida una determinada vida útil del activo, expresada en años, y asignar como valor de depreciación un porcentaje fijo en cada período, todo ello de acuerdo con la política económica interna de la empresa. En la mayoría de los casos, las empresas aplican los porcentajes establecidos por la Administración Tributaria, pero pueden aplicar otro criterio si lo estiman conveniente.

Se aplica a todos los tipos de inversión, indistintamente de su naturaleza.

Tabla 3.2. Tablas de amortización fiscales

Elementos de transporte	Coeficiente lineal máximo	Período de años máximo
Locomotoras, vagones y equipos de tracción	8 %	25
Buques, aeronaves	10 %	20
Elementos de transporte interno	10 %	20
Elementos de transporte externo	16 %	14
Autocamiones	20 %	10

Caso como ejemplo

Cálculo de la amortización anual de un vehículo frigorífico de transporte especial, modelo Mercedes Benz Sprinter:

- Valor de adquisición: 41 000 €.
- Valor residual esperado, recuperable en el mercado de ocasión: 3500 €.
- Estimación de vida útil definida por la empresa: 15 años.
- Coeficiente fiscal aplicable: 10 años.

En este ejemplo, la empresa estima una vida útil del activo más prolongada que la aplicable fiscalmente, pero que considera ajustada a la realidad económica que vive el sector. En este caso, en el que se espera que el vehículo preste servicio durante 15 años, procede efectuar dos cálculos de la amortización, uno de carácter económico de acuerdo con este criterio, trascendente para la determinación de los resultados (beneficios o pérdidas), en el que se espera que el vehículo mantenga algún valor residual y otro, meramente a efectos fiscales, en el que el criterio de amortización sigue las tablas propuestas por la Administración Tributaria (20 % anual, en este ejemplo).

a) Amortización lineal, ajustada a la realidad económica de la empresa:

41 000 € – 3500 € = 37 500 €; 37 500 € / 15 años = 2500 € anuales durante 15 años.

b) Amortización lineal, ajustada a las tablas fiscales:

(41 000 € – 3500 €) × 20 % = 7500 € anuales, hasta la total amortización.

En ambos casos, una vez transcurridos los plazos previstos por el plan de amortización, debe ajustarse la posible diferencia entre el valor residual estimado inicialmente y el valor residual real una vez conocido.

Las tablas de amortización según el método lineal se presentan como sigue:

Período	Cuota criterio económico	Pendiente de amortización	Período	Cuota criterio fiscal	Pendiente de amortización
Año 1	2500	35 000	Año 1	7500	30 000
Año 2	2500	32 500	Año 2	7500	22 500
Año 3	2500	30 000	Año 3	7500	15 000
Año 4	2500	27 500	Año 4	7500	7500
Año 5	2500	25 000	Año 5	7500	0
Año 6	2500	22 500	Año 6		
Año 7	2500	20 000	Año 7		
Año 8	2500	17 500	Año 8		
Año 9	2500	15 000	Año 9		
Año 10	2500	12 500	Año 10		

Período	Cuota criterio económico	Pendiente de amortización	Período	Cuota criterio fiscal	Pendiente de amortización
Año 11	2500	10 000	Año 11		
Año 12	2500	7500	Año 12		
Año 13	2500	5000	Año 13		
Año 14	2500	2500	Año 14		
Año 15	2500	0	Año 15		
Total	37 500		Total	37 500	
Valor residual	3500		Valor residual	3500	
	41 000			41 000	

En este supuesto, la empresa ha considerado que la depreciación se produce **regularmente** a lo largo de la vida útil del camión frigorífico y que, además, va a tener algún valor en el mercado de ocasión. Desde el aspecto fiscal, aplica las tablas de amortización aprobadas por la Administración Tributaria y reduce sus impuestos en un menor número de años.

Actividad propuesta 3.12

Material: Acceso a internet, hoja de cálculo.

Contexto: La compañía de transporte aéreo Ryanair, en su plan de renovación de su flota de aeronaves, adquiere a la norteamericana Boeing diez unidades del modelo B737 serie 800 por 83 millones de euros cada avión. Estima una vida operativa de 15 años, tras los cuales espera obtener 20 millones de euros por cada avión en el mercado internacional de ocasión. La dirección financiera de Ryanair propone aplicar el modelo de amortización lineal.

Cuestiones:

a) Consulta las tablas de amortización propuestas por la Administración Tributaria para las aeronaves.

b) Establece un plan de amortización, diferenciando el criterio económico propio de la compañía del criterio a efectos impositivos.

c) Estima y comenta los efectos del uso de dos criterios de amortización distintos.

d) Explica qué opción es más interesante para la empresa desde el punto de vista financiero.

B) Método de porcentaje constante

Este método consiste en aplicar cuotas de amortización más elevadas en el inicio del proceso, para posteriormente ir amortizando de forma decreciente a lo largo de la vida útil del equipo o vehículo. Así, el sistema permite reducir impuestos en los primeros años, factor que aumenta la liquidez de las empresas y tiende a fomentar la economía general al incentivar las inversiones. Este criterio está aprobado por la Administración Tributaria, por lo que no procede establecer distintos planes de amortización.

La metodología consiste en aplicar un porcentaje constante sobre el valor pendiente de amortización, calculado a partir de los coeficientes oficiales, corregidos por los siguientes:

- **1,5,** si el período de amortización es inferior a 5 años.
- **2,** si es igual o superior a 5 años e inferior a 8 años.
- **2,5,** si es igual o superior a 8 años.

Caso como ejemplo

Se decide amortizar por el método constante un vehículo cuyo valor de adquisición es de 41 000 euros en únicamente 5 años. Se espera un valor residual de 3500 euros.

Para plantear un plan de amortización mediante el sistema del porcentaje constante, seguimos los siguientes pasos:

a) El primer año, la cuota de amortización será 37 500 € × 20 % × 2 = 15 000 €, queda pendiente de amortizar 37 500 € – 15 000 € = 22 500 €.

b) El segundo año, la cuota será 22 500 € × 20 % × 2 = 9000 €, queda pendiente 13 500 €.

c) El tercer año, la cuota será 13 500 € × 20 % × 2 = 5400 €, queda pendiente 8100 €.

d) El cuarto año, la cuota será de 8100 € × 20 % × 2 = 3240 €, queda pendiente 4860 €.

e) El quinto año, se amortiza el resto, 4860 €.

Período	Cuota de amortización	Pendiente de amortización
Año 1	15 000	22 500
Año 2	9000	13 500
Año 3	5400	8100
Año 4	3240	4860
Año 5	4860	0
Total	37 500	
Valor residual	3500	
	41 000	

Actividad propuesta 3.13

Material: Hoja de cálculo.

Contexto: Una empresa especializada en transporte de gran volumen decide equipar varios de sus vehículos con una plataforma de descarga mecanizada y automática, con una inversión prevista total de 140 000 € que se desea amortizar rápidamente, en cuatro años. No se estima valor alguno de estos elementos al cabo de 4 años de trabajo.

Cuestiones:

a) Determina el importe que se amortizará cada uno de los cuatro años.

b) Explica por escrito las ventajas o inconvenientes que puede presentar este método de amortización, desde el punto de vista económico/financiero y fiscal.

c) Explica por escrito las ventajas o inconvenientes que puede presentar este método de amortización, desde el punto de vista de los beneficios a repartir a los socios de la empresa (dividendos).

Recuerda

Para un cálculo preciso y ajustado de la amortización a la normativa fiscal es conveniente crear y mantener una base de datos de las inversiones individualizada y bien documentada.

C) Método de los números dígitos

El método consiste en asignar el dígito correspondiente a los años de vida útil estimada al primer año y para los años sucesivos se van asignando los dígitos de forma decreciente. La cuota de amortización se calcula mediante la fórmula siguiente:

Cuota de amortización (método números dígitos) =
= (Valor amortizable / Suma dígitos) × dígito

El cuadro de amortización presentaría el siguiente desarrollo:

Período	Digito	Cuota de amortización	Pendiente de amortización
Año 1	15	4687,50	32 813
Año 2	14	4375,00	28 438
Año 3	13	4062,50	24 375
Año 4	12	3750,00	20 625
Año 5	11	3437,50	17 188
Año 6	10	3125,00	14 063
Año 7	9	2812,50	11 250
Año 8	8	2500,00	8750
Año 9	7	2187,50	6563
Año 10	6	1875,00	4688
Año 11	5	1562,50	3125
Año 12	4	1250,00	1875
Año 13	3	937,50	938
Año 14	2	625,00	313
Año 15	1	312,50	0
Total	120	37 500,00	
Valor residual		3500,00	
		41 000,00	

Mapa conceptual

COSTES DE EXPLOTACIÓN DE LAS EMPRESAS DE TRANSPORTE

- **Coste, gasto y pago**
  - Gasto: consumo de bienes y servicios
  - Inversiones: adquisiciones de bienes necesarios para la empresa
  - Pagos: salida de dinero para abonar deudas
  - Ingresos: se generan al vender o prestar servicio
  - Costes: esfuerzo económico que la empresa dedida para realizar el servicio
- **Centros de costes**
  - Conocer dónde se producen las decisiones económicas y financieras que permiten a la dirección de la empresa llevar a cabo cambios o mejoras
  - Contabilidad analítica o de costes. Técnica que permite conocer los costes, cómo y dónde se producen
  - Identificación de los centros de costes
    - Estructura general de la empreas
    - Calidad
    - Recursos humanos
    - Economía y finanzas
    - Dirección comercial
    - Almacén
    - Dirección de explotación
    - Tráfico
    - Centro de costes finales
- **Estructura de costes de la empresa de transporte de mercancías**
  - Variables
    - Dietas
    - Carburante
    - Peajes
    - Neumáticos
  - Fijos
    - Financiación
    - Amortización
    - Retribuciones
    - Impuestos
    - Seguros
  - Directos: gastos concretos
  - Indirectos: gastos administrativos
- **Modelos de imputación de costes indirectos**
- **Modelos de cálculo de costes**
- **Observatorio de costes de empresas de transporte**
  - Calcular costes directos
  - Repercutir y agregar
  - Calcular por unidad
- **Costes de amortización**
  - Invertir en mantener toda la logística en perfectas condiciones, ya que los bienes sufren un desgaste por uso

Actividades finales

De comprobación

3.1. ¿Qué finalidad tiene el cálculo de costes de los servicios logísticos?

a) Confeccionar presupuestos con una base sólida.
b) Calcular el margen de beneficio de una operación o servicio.
c) Aceptar o no una oferta de un cliente.
d) Todas las respuestas anteriores son correctas.

3.2. El concepto de gasto, en el contexto del transporte, es:

a) El pago del carburante al repostar.
b) La compra de camiones y furgonetas.
c) Las pérdidas excepcionales.
d) El consumo de bienes y servicios.

3.3. La técnica contable define el gasto como:

a) Un aumento de patrimonio desde la óptica financiera.
b) Una disminución de patrimonio desde el punto de vista económico.
c) Un aumento de patrimonio desde el punto de vista económico.
d) Una disminución de patrimonio desde la óptica financiera.

3.4. ¿Qué sustantivo define la salida efectiva de dinero del banco?

a) Gasto.
b) Inversión.
c) Pago.
d) Ingreso.

3.5. ¿Cuándo se genera un ingreso en la empresa transportista?

a) Al realizar un servicio y facturarlo.
b) Al cobrar el servicio facturado.
c) Al ingresar dinero en el banco.
d) Al recibir dinero en efectivo.

3.6. Los ingresos suponen, en una empresa de transporte:

a) Un decremento en el patrimonio.
b) Un aumento de la tesorería.
c) Un aumento en el patrimonio.
d) Una disminución de la tesorería.

3.7. El cobro de un servicio de transporte se concreta en:

a) La presentación de una factura.
b) La presentación de un albarán.
c) La recepción de dinero efectivo o una transferencia.
d) La recepción de un pagaré u otro efecto financiero.

3.8. Un pago con vencimiento diferido se produce:

a) Antes del ingreso.
b) Simultáneamente con el ingreso.
c) Más tarde del ingreso.
d) Nunca.

3.9. Los costes del transporte de una mercancía exportada son:

a) Los gastos directos incurridos.
b) Los gastos que se han presupuestado.
c) Los gastos considerados innecesarios.
d) Todos aquellos gastos que han sido necesarios.

3.10. La contabilidad de costes:

a) Analiza los gastos por su naturaleza.
b) Analiza los gastos en términos de esfuerzo económico.
c) Analiza los gastos de acuerdo con el PGC.
d) Analiza los gastos en comparación a los ingresos.

3.11. Los centros de coste permiten:

a) Valorar la calidad de los costes.
b) Controlar la presencia de nuevos costes.
c) Mantener los costes constantes.
d) Identificar dónde se producen los costes.

3.12. ¿Todos los centros de coste deben tener una persona responsable?

a) No necesariamente.
b) Sí, es imprescindible.
c) Sí, es recomendable.
d) Sí, es obligatorio.

3.13. **¿Con qué criterios se definen los centros de costes?**

a) Con el criterio de prudencia.

b) Con el criterio de devengo.

c) Con el criterio de continuidad.

d) Con un criterio libre y razonable.

3.14. **La finalidad de los centros de coste es de carácter:**

a) Contable.

b) Analítico.

c) Fiscal.

d) Jurídico.

3.15. **El estudio de los costes permite:**

a) Determinar los márgenes de las operaciones.

b) Identificar la participación de cada agente en los resultados.

c) Fijar precios de los servicios eficazmente.

d) Todas las respuestas anteriores son correctas.

3.16. **¿Cuál de los siguientes costes no es fijo?**

a) El alquiler de un local para oficinas.

b) El consumo de aceite de motor.

c) El seguro obligatorio de los camiones.

d) El Impuesto sobre Vehículos de Tracción Mecánica (IVTM).

3.17. **Los costes variables se caracterizan por:**

a) Ser consecuencia de un contrato con terceros.

b) Aumentar o disminuir conforme el trabajo.

c) Ser constantes a lo largo del ejercicio.

d) Variar de importe constantemente.

3.18. **La clasificación de gastos en fijos y variables se usa para:**

a) Estudiar nuevos proyectos.

b) Preparar nuevas rutas o servicios.

c) Valorar los rendimientos.

d) Todas las respuestas anteriores son correctas.

3.19. **El punto muerto de equilibrio o umbral de rentabilidad es la cifra de negocios que:**

a) Cubre los gastos fijos.

b) Cubre los gastos fijos y todos los variables.

c) Cubre los gastos variables.

d) Cubre los gastos fijos más los variables para alcanzarla.

3.20. **Los costes directos se caracterizan por identificarse con:**

a) La dirección de la empresa.

b) Los consumos en carretera.

c) Operaciones logísticas concretas.

d) Actividades administrativas.

3.21. **¿De qué depende el coste de amortización?**

a) Del trabajo realizado.

b) De la obsolescencia técnica.

c) De ambas causas.

d) De ninguna de esas causas.

3.22. **La finalidad de calcular la amortización es de tipo:**

a) Organizativa y de gestión.

b) Económica, financiera, fiscal.

c) Normativa de calidad.

d) Justificativa ante la Unión Europea.

3.23. **¿Cómo se calcula el *cash-flow*?**

a) Se suman los resultados y las amortizaciones.

b) Se restan las amortizaciones de los resultados.

c) Se suman las amortizaciones y los gastos.

d) Se restan los gastos de los ingresos.

3.24. **Las tablas fiscales de amortización:**

a) Son de aplicación única.

b) Son compatibles con otros criterios.

c) Son de aplicación voluntaria.

d) Son de aplicación flexible.

3.25. **En el método lineal de amortización:**

a) Se calculan cuotas linealmente decrecientes.

b) Se calculan cuotas linealmente crecientes.

c) Se calculan cuotas de acuerdo con una vida útil estimada.

d) Se calculan cuotas de acuerdo con números dígitos.

3.26. **En el método de amortización de porcentaje constante:**

a) Se aplican cuotas iguales.

b) Se aplican cuotas más elevadas en el inicio.

c) Se aplican cuotas decrecientes.

d) Se aplican cuotas más elevadas al final.

3.27. En el método de amortización por números dígitos:

a) Se calcula mediante un porcentaje.
b) Se calcula mediante la suma de dígitos.
c) Se calcula mediante un grado de uso.
d) Se calcula mediante una división.

3.28. ¿Cómo se inicia la contabilidad analítica?

a) Por reparto de los gastos entre los centros de coste.
b) Por asignación de los gastos al centro de coste que los genera.
c) Por distribución de los gastos fijos.
d) Por imputación de los gastos variables.

3.29. ¿Qué modelo de costes es más recomendable?

a) El modelo de costes históricos.
b) El modelo de costes estándar.
c) El modelo de costes mixto.
d) El modelo internacional.

3.30. ¿Qué debe hacerse con los gastos de estructura?

a) Distribuirlos en proporción a los kilómetros.
b) Distribuirlos en proporción al consumo de carburante.
c) Distribuirlos en proporción a la superficie ocupada.
d) Distribuirlos en proporción a un criterio de distribución razonable.

3.31. ¿De qué se compone el coste directo?

a) Costes fijos.
b) Costes fijos y variables.
c) Costes variables.
d) Costes no imputables.

3.32. Los costes indirectos proceden de:

a) La distribución de costes de estructura y otros comunes.
b) La aplicación de costes exteriores.
c) La imputación de costes no previstos.
d) La atribución subjetiva de los costes.

De aplicación

3.33. Consulta la web de un gran operador logístico internacional y propón ejemplos de:

a) Ingresos que serían apropiados para la empresa elegida.
b) Gastos que serían normales en la empresa elegida.
c) Cobros y pagos adecuados a las funciones de la empresa elegida.
d) Inversiones que la empresa haya realizado.

3.34. Establece un diálogo en el aula con los compañeros/as, dinámico y ordenado:

a) Uno de los participantes debe exponer en voz alta el concepto que ha adquirido de coste de la función del transporte.
b) Otro participante debe exponer en voz alta en qué consiste la diferencia entre costes y gastos realizados en la actividad de transporte.
c) Otros participantes deberán exponer sus dudas y solicitar a los ponentes anteriores que se las aclare.

3.35. Mediante técnicas de observación directa o encuestas dirigidas por el tutor/a:

a) Identifica los posibles centros de coste que componen la empresa donde realizas las prácticas.
b) Asígnales una denominación apropiada, que puede coincidir o no con la propia de la empresa.
c) Diseña un organigrama con la ayuda de herramientas como PowerPoint o análogas.
d) Propón opciones de organización interna por departamentos o centros de coste, distintas y alternativas, justificando su construcción.

3.36. Consulta la web de TNT Courier: Transport and Logistics Services y:

a) Sugiere una estructura de centros de coste de explotación basada en las actividades específicas de esta empresa.
b) Debate en el aula la eficiencia (o no) de una estructura basada en numerosos centros de coste y, en su caso, propón centros de coste de mayor amplitud, donde puedan imputarse costes de tareas análogas.

3.37. Compara la composición del margen bruto operativo del sector del transporte con el equivalente de una empresa de distribución comercial como un supermercado o una gran superficie.

a) ¿Qué elemento o elementos son comunes?

b) ¿Qué elemento o elementos son claramente dispares?

c) Elabora un esquema sencillo en el que queden comparadas ambas composiciones del margen bruto operativo y debate el resultado en el aula.

3.38. Un nuevo cliente nos solicita un presupuesto para enviar una mercancía embalada en cajas de 150 × 40 × 40, con un peso de 225 kg por caja, desde Gijón a Hamburgo (Alemania). Nuestros vehículos disponibles pertenecen a la categoría N2.

a) En el supuesto de que los gastos directos de la operación (aprovisionamientos, dietas del conductor, etc.) ascendieran a 500 euros, ¿qué presupuesto debería ofrecerse para obtener un margen bruto de 10 000 euros?

b) ¿Qué cantidad de cajas máxima podría admitir la operación para que fuera posible mediante un vehículo calificado como N2, con una tara de 3500 kg?

c) Para realizar esta operación con estos datos, ¿qué precio por caja debería ofertarse?

d) Compara la oferta que hemos calculado como posible con otras ofertas reales del mercado consultadas en la red.

e) Redacta un breve informe de las posibilidades que se han presentado y emite una recomendación.

3.39. De la observación empírica y directa de la calle o carretera, selecciona un vehículo de transporte por carretera y toma nota de su logotipo o marca comercial.

a) Visita la web de la empresa propiedad del vehículo y lanza una hipótesis sobre qué tipo de mercancías transporta, cuál es su origen y cuál su destino.

b) ¿Qué costes fijos debe asumir el propietario de dicho vehículo en concreto? Detállalos y asígnales un coste aproximado, en función de los precios medios del mercado.

c) ¿En qué costes variables está incurriendo dicho vehículo en la intervención real observada? Detállalos y asígnales un coste aproximado, en función de los precios medios del mercado.

3.40. Un transitario asume unos costes fijos para mantener su estructura de funcionamiento de 300 000 euros. Por cada operación de transporte internacional que realiza asume unos costes de 350 euros de media.

a) Determina el umbral de rentabilidad en número de operaciones teniendo en cuenta que la facturación media por servicio es de 1500 euros.

b) Determina el umbral de rentabilidad en número de operaciones, en el supuesto de que los gastos variables ascendieran al 20 % de la facturación.

c) Determina el umbral de rentabilidad medido en cifra total de negocios.

d) ¿Cuál es el margen de contribución de cada una de las operaciones de transporte internacional que realiza?

3.41. Clasifica los conceptos de coste siguientes en directos e indirectos: primas de seguro de responsabilidad civil general, publicidad institucional, consumo de carburante, sueldo de un conductor, sueldo del jefe de calidad, piezas de reposición, alquiler de oficinas, alquiler de furgonetas, mantenimiento de la página web, limpieza de vehículos, limpieza de oficinas, subcontratación de transportes, impuestos municipales, mantenimiento de tacómetros.

3.42. Teisa, SA, amplía su flota de vehículos adquiriendo un nuevo tráiler de gran capacidad, con un coste total de 80 000 euros. Decide que su amortización debe realizarse en diez años, pasados los cuales se estima que mantendrá un valor residual de 10 000 euros en los mercados de ocasión.

a) En el supuesto de aplicar el método lineal, ¿cuál sería el coste anual de amortización imputable?

b) En el supuesto de aplicar el método de porcentaje constante, ¿cuál sería el coste de amortización asumido después del tercer año?

c) En el supuesto de aplicar el método de números dígitos, presenta el plan de amortización completo.

d) Propón un gráfico que muestre las distintas funciones de la amortización, compuesto por un titular y una breve explicación del sentido de cada una de las funciones.

3.43. Mediante las opciones que ofrece Google Imágenes, busca un modelo de Cuenta de Pérdidas y Ganancias sencillo, y a continuación:

a) Establece la hipótesis de que se trata de una empresa de transporte con dos divisiones: largas distancias y servicios frigoríficos.

b) Atribuye los gastos a los departamentos que razonablemente sean apropiados, a la vista de un organigrama modelo, incluidas las divisiones creadas.

c) Asigna al centro de coste «Estructura» aquellos gastos que son comunes a toda la empresa. Los demás gastos asígnalos a las dos divisiones, con un criterio puramente hipotético.

d) Indica un posible número de kilómetros recorridos anualmente por los vehículos de cada división.

e) Sigue el modelo descrito en el texto en el Apartado 3.4, hasta alcanzar un determinado coste por kilómetro para cada una de las divisiones. Si es necesario, asigna valores libremente, con sentido lógico.

3.44. Descarga de la web oficial de Logista, SA, las cuentas de resultados consolidadas correspondientes a los ejercicios anuales terminados el 30 de septiembre de 2020 y 2019, y:

a) Codifica en centros de coste apropiados los gastos comerciales, los gastos de investigación, los gastos de las oficinas centrales y los financieros.

b) Establece como hipótesis cierta que Logista, SA, trabaja en España, Francia e Italia. Identifica estas redes logísticas como centros de coste.

c) Construye una hoja de cálculo con los datos reales de Logista, SA, y distribuye los costes indirectos sobre los centros de coste finales constituidos por las redes logísticas; para ello, propón cifras y defiende un determinado criterio como válido.

d) Calcula los costes finales de la distribución de Logista, SA, en España, Francia e Italia.

De ampliación

3.45. ¿Es posible una actividad de transporte no encaminada a la obtención de beneficios económicos? Cita algunos casos y explica brevemente cómo debería orientarse la política económico-financiera en este contexto.

3.46. La distinción entre inversiones y gastos, dentro de una empresa dedicada al transporte, ¿es clara y diáfana, o bien presenta dudas y/o excepciones? Aporta ejemplos en los que puedan surgir dudas, preferiblemente de un transportista conocido en tu localidad.

3.47. Explica en voz alta, en el aula, cuál es el matiz o matices que distingue el concepto de coste del de gasto, proponiendo ejemplos reales extraídos de la actividad empresarial donde realizas las prácticas.

3.48. En el contexto específico del transporte y la logística, ¿crees que la contabilidad general aporta toda la información suficiente para una buena gestión económico-financiera? Explica las posibles aportaciones de otras técnicas.

3.49. Reflexiona acerca de las posibles diferencias que se puedan observar entre los organigramas internos de una empresa dedicada al transporte y otra empresa de carácter industrial o comercial y coméntalas en el aula o bien presenta un breve informe sobre el tema.

3.50. Durante la crisis de la pandemia, se oyó en los medios de comunicación frecuentes referencias de los pequeños empresarios a los costes fijos, como elemento clave en la gestión. Explica, para un ejemplo centrado en el transporte, en qué aspectos económicos y financieros ha afectado la pandemia.

3.51. En términos generales, el umbral de rentabilidad se determina de acuerdo con el número de unidades vendidas, referidas al producto que se fabrica o comercializa. En el contexto de trabajo del transporte, ¿cuál podría ser el referente más adecuado para el cálculo? Haz una breve exposición argumentada de las distintas posibilidades.

3.52. Fuera del ámbito académico, el concepto de amortizar o amortización se usa con alguna frecuencia. Habla con alguna persona ajena a la formación profesional y comenta con ella aspectos referentes a la amortización, por ejemplo, un electrodoméstico, y compara los contenidos del diálogo con los conceptos del texto referentes al transporte. Toma nota de los distintos matices que pueden aparecer y escribe unas líneas sobre ello.

Unidad 4

Introducción

Como cualquier otra actividad económica, el servicio de transporte de mercancías requiere de una previa planificación a medio y largo plazo para ser llevados a cabo eficazmente y con competitividad, posiblemente más profunda y detallada que la de otras iniciativas en la que se requiere inversión de capital. Para ello y, en primer lugar, deben plantearse los objetivos del departamento de tráfico y cuáles deben ser los métodos más adecuados para alcanzarlos; es a partir de esta base que se desarrollan coordinadamente los aspectos operativos.

PLANIFICACIÓN DEL SERVICIO DE TRANSPORTE DE MERCANCÍAS

Contenidos

Objetivos

- Establecer los objetivos y las estrategias del departamento de tráfico de acuerdo con la política y los objetivos generales de la empresa.
- Determinar los parámetros que intervienen en la planificación de las operaciones de transporte de mercancías.
- Determinar los servicios que deben contratarse con el exterior y los controles adecuados a los mismos y/o la necesidad de adquisición de nuevos vehículos.
- Seleccionar el método para optimizar los diferentes servicios de transporte de mercancías, maximizando los recorridos en carga y minimizando tiempos de ejecución.
- Confeccionar las rutas del transporte con el mejor trazado posible, minimizando tiempos y recorridos y determinando las características técnicas de los medios de transporte.
- Determinar itinerarios, permisos, autorizaciones y horarios con la Administración Pública competente, según establezca la normativa aplicable a los diferentes tipos de carga (mercancías voluminosas, peligrosas, perecederas y animales vivos).
- Prever el procedimiento y gestiones necesarias para realizar un transporte alternativo como consecuencia de una avería en un medio de transporte destinado a un servicio concreto.

4.1. Objetivos y estrategias del departamento de tráfico

Los objetivos de la planificación y gestión posterior de las operaciones de transporte de mercancías, diseñado por el departamento de tráfico, son los de **ofertar al cliente el mínimo coste** de las operaciones con la máxima **calidad** del servicio en términos de **puntualidad, eficacia y ausencia de incidentes.**

El ofrecimiento de servicios de transporte con estas características, salvaguardando el margen bruto de explotación para la empresa transportista, es, en el sector logístico, la mejor garantía de competitividad frente a terceros y la mejor forma de conseguir la **satisfacción del cliente,** objetivo fundamental no solo del departamento de tráfico sino del conjunto de la empresa dedicada al transporte.

La satisfacción del cliente tiende a facilitar su **fidelización.** El concepto de fidelización, de uso frecuente en marketing, significa conseguir que productores, distribuidores y cualquier otra clase de clientes contraten habitualmente los servicios de la empresa logística, política que se orienta a garantizar la actividad y la facturación estable a lo largo del tiempo.

La planificación y gestión eficiente se basa en la **coordinación** de los recursos materiales y humanos disponibles, en cumplimiento de las condiciones contractuales referentes a tiempos de entrega y seguridad de las mercancías.

La coordinación facilita la calidad del servicio y la disminución de incidencias y retrasos en las entregas, así como la reducción de costes operativos. De la conjunción de todos estos objetivos se genera un aumento de la **productividad,** y de la cual se alcanza la **rentabilidad,** objetivo último de la actividad empresarial del transporte.

Actividad propuesta 4.1

Material: Herramientas Office.

Contexto: Objetivos del departamento de tráfico.

Cuestiones:

a) A partir la lectura del Apartado 4.1 prepara un esquema gráfico donde queden reflejados visualmente los objetivos que debe plantearse el departamento de tráfico citados en el texto.

b) Debate en el aula otros posibles objetivos que pueden plantearse las empresas de transporte y logística, extraídos de las webs principales y sus apartados de valores, misión y visión del negocio.

c) Añade los nuevos objetivos identificados al esquema preparado anteriormente.

4.2. Características del transporte de mercancías. Elección del medio de transporte

El transporte, entendido como aquella iniciativa del sector terciario de la economía que supone un movimiento de mercancías o de personas entre un punto y otro, está caracterizado fundamentalmente por presentarse mediante **distintos medios** (terrestres, ferroviarios, marítimos, aéreos), la **conjunción ordenada** de los cuales permite al comercio alcanzar cualquier punto del planeta. Estos medios deben ser **acordes y compatibles** con el tipo de carga y la naturaleza de esta.

La planificación de los recursos a emplear en el transporte contempla necesariamente las distintas opciones disponibles, en función de las características de cada medio y de las propias mercancías:

- **Transporte por carretera.** Su gran ventaja competitiva es su capacidad de realizar el **servicio puerta a puerta** con una rapidez considerable, por lo que en un 90 % de los casos es el medio elegido con prioridad. Otra característica que lo caracteriza es la posibilidad de programar y establecer rutas de reparto (**enrutamiento**), facilitando así las entregas en tiempos ajustados y a costes reducidos, bien sea en la distribución de pequeña paquetería o mercancías de gran volumen. Además, posibilita la mejor distribución de productos perecederos mediante vehículos preparados.

Figura 4.1. Los sistemas de entrega, definición de la ruta y programación horaria de las entregas buscan optimizar los tiempos y reducir costes.

- **Transporte por ferrocarril.** Es el transporte idóneo para **cargas de gran peso y volumen** a gran distancia, que en el transporte por carretera tendrían un coste excesivo o bien serían inviables, como sucede en muchos casos del sector del metal o el químico. Si bien tradicionalmente era considerado un transporte de baja velocidad, las nuevas infraestructuras van permitiendo el aumento de su competitividad.
- **Transporte marítimo.** Desde períodos históricos lejanos, el transporte marítimo ha sido y sigue siendo el medio más adecuado para el transporte **intercontinental de grandes volúmenes** de mercancías.
- **Transporte aéreo.** Es el medio principal para el transporte de mercancías perecederas o de pequeño volumen y **alto valor añadido,** puesto que el coste por kilo transportado es elevado. No obstante, su rapidez toma significado en las entregas urgentes.
- **Transporte multimodal.** Es el transporte que **combina** los distintos medios disponibles, de forma coordinada y programada. El agrupamiento de mercancías en unidades de transporte intermodal permite reducir costes logísticos y administrativos, así como la reducción de riesgos y la mejora de la agilidad en las operaciones de transbordo.
- **Transporte combinado.** Es la denominación del transporte intermodal de mercancías dentro de la Unión Europea.
- **Transporte combinado acompañado.** Esta denominación se refiere al transporte de mercancías en el cual el conductor está presente hasta el destino final.

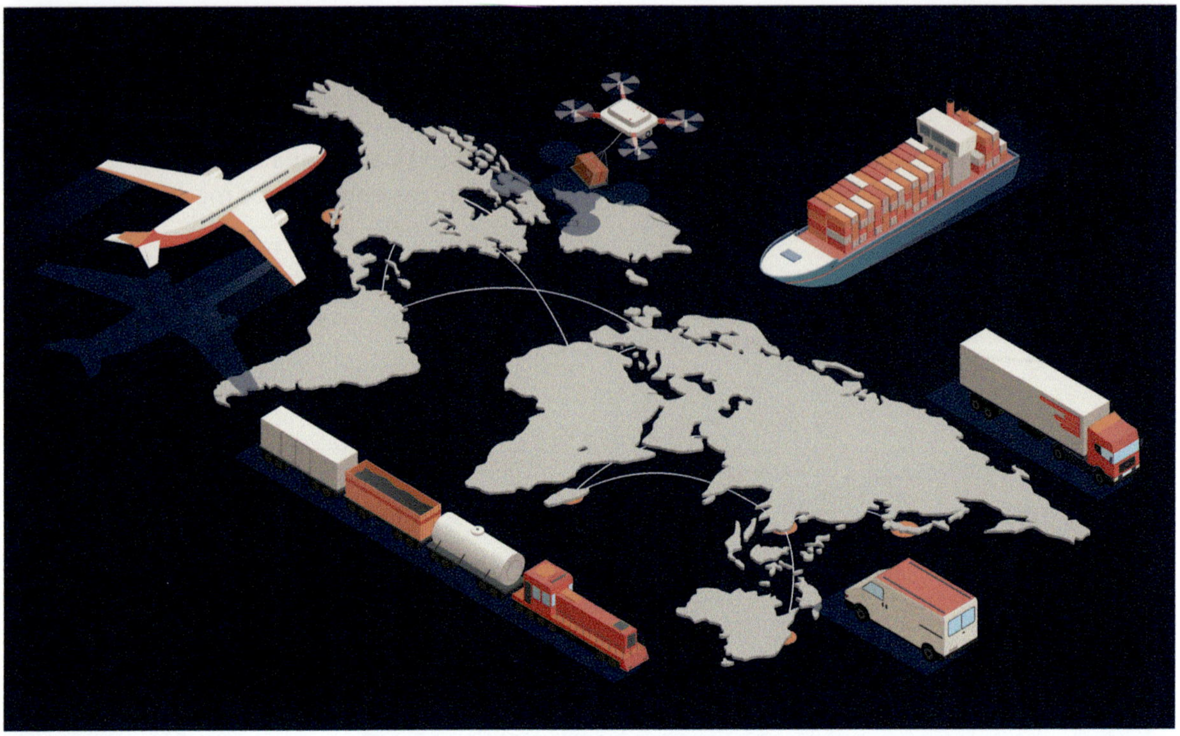

Figura 4.2. El transporte multimodal articula diferentes medios de transporte, con el fin de realizar de una forma más eficaz y rápidamente las operaciones de trasbordo de mercancías.

En el comercio internacional, especialmente a muy larga distancia, la función de elección del medio de transporte para la exportación reviste cierta complejidad, puesto que se presentan numerosas variables que inciden directamente en la ejecución de la operación. La elección tendrá en cuenta especialmente:

- Los propios **costes** económicos del flete.
- La **distancia** en que se encuentra el destinatario y los pasos marítimos para tener en cuenta.
- Las propias **características** de las mercancías: peso, volumen, valor, necesidades frigoríficas, de protección, etcétera.
- La **frecuencia** de las salidas del buque, de acuerdo con el contrato, en términos de fecha de recepción de las mercancías.
- Otros **costes colaterales:** almacenaje, permanencias, protecciones especiales, etcétera.

Actividad propuesta 4.2

Material: Herramientas Office.

Contexto: Elección del medio de transporte.

Cuestiones: Observa el vídeo corporativo de la empresa Ega Master; asume el papel de planificación de cada una de las seis rutas internacionales de exportación que están sugeridas en este vídeo y:

«Introducción a EGA MASTER»

a) Sugiere una combinación de medios de transporte adecuados a cada caso.

b) Comenta por escrito las posibles dificultades en la elección, sus causas y las posibles soluciones.

4.3. Planificación estratégica del transporte

Por planificación estratégica del transporte de mercancías debe entenderse la **programación a medio y largo plazo** del conjunto de actuaciones de la empresa, a fin de preverlas y afrontarlas con la debida antelación y posibilitando así las decisiones más oportunas y proporcionadas:

- Las inversiones que hay que realizar en la flota de vehículos y las estructuras necesarias, así como la financiación necesaria.
- Los cambios que pueden producirse en los mercados de la distribución.
- La evolución de la tecnología de los motores de tracción hacia modelos de menor consumo y mayor eficiencia.
- El posicionamiento estratégico de la competencia.
- El progreso constante de la digitalización de los procesos.

De forma generalizada, la planificación debe estar presidida por la observación de los dos principios fundamentales de la gestión empresarial:

- **Eficacia:** es la capacidad de lograr el efecto que se desea o se espera, en este caso realizar un transporte. Una línea de transporte eficaz es aquella que garantiza la entrega de las mercancías en las condiciones que se le han exigido en términos de calidad. El cliente espera del transportista una ejecución eficaz de su cometido.
- **Eficiencia:** hablamos de transporte eficiente cuando el transportista es capaz de realizar el servicio evitando malgastar combustible, materiales, esfuerzos humanos, costes financieros o simplemente, tiempo. Una acción de transporte eficiente es aquella realizada exitosamente con el mínimo coste.

A partir de este marco general de actuación, se realiza un análisis de las características del transporte de mercancías en el sector donde se espera operar, a partir de la cuantificación de la demanda. Del resultado obtenido se toman las decisiones acerca de la dimensión y la capacidad de carga de la flota necesaria para llevar a cabo el servicio, así como las posibles necesidades de subcontratación.

Actividad propuesta 4.3

Material: Herramientas Office.

Contexto: Planificación estratégica.

Cuestiones:

a) Presenta un ejemplo concreto y detallado de una operación de transporte real que no pueda considerarse eficaz. Explica el porqué.

b) Plantea un supuesto de operación de transporte que pueda considerarse como poco eficiente. Expón las razones que la hacen ineficiente y sugiere acciones para corregirlas.

4.3.1. Cuantificación de la demanda

El primer paso en la planificación es cuantificar la demanda de servicios de transporte ofrecida por el mercado y que la empresa es capaz de absorber, en las condiciones de ubicación, estructura de vehículos y oferta de especialidades. Esta estimación debe centrarse en un período temporal definido, por ejemplo, un año o un período superior.

Cuantificar la demanda se basa en identificar dos partes diferenciadas:

1. Los **datos históricos** del sector disponibles, bien sea a partir de datos propios de la empresa y su experiencia (información primaria) o datos públicos estadísticos (información secundaria), preferiblemente desglosados por zonas geográficas, provincias o comunidades autónomas:
   - Toneladas transportadas, según tipo de desplazamiento (interior, internacional).
   - Toneladas transportadas, según clase de las mercancías.
   - Índice del precio medio por kilómetro, según distancia del recorrido.
2. Las **nuevas acciones** proyectadas para llevar a cabo:
   - Lanzamiento de nuevos servicios y oferta de especialidades de transporte: de grandes dimensiones, farmacología, animales vivos, frigoríficos.
   - Ampliación de la capacidad de carga.
   - Apertura de delegaciones, centros de distribución.

La cuantificación de la demanda futura se determina por adición a los datos históricos de los datos previstos por las nuevas acciones. El resultado se modula mediante las previsiones macroeconómicas de crecimiento expansivo o, si procede, por retracción de la economía consecuencia de pandemias o catástrofes naturales. El conjunto conforma la aproximación a la demanda futura que precisa la planificación estratégica.

Actividad propuesta 4.4

Material: Herramientas Office.

Contexto: Cuantificación de la demanda. Web del Ministerio de Transporte:

https://apps.fomento.gob.es/BoletinOnline/?nivel=2&orden=05000000

Cuestiones:

a) Abre los enlaces con los datos estadísticos del transporte en España, según tipo de desplazamiento y tipo de servicio. Elabora distintos modelos de gráficos con los datos obtenidos: de barras, de sectores, etcétera.

b) *Ídem* según la clase de mercancías.

c) *Ídem* según el tipo de desplazamiento en tu comunidad autónoma.

d) Comenta por escrito los datos que consideres más relevantes.

4.3.2. Dimensión de la flota

El concepto de flota hace referencia al conjunto de vehículos, cualquiera que sea su tipo o capacidad, disponibles para realizar servicios de transporte de personas o de mercancías y que pertenecen a la misma organización o empresa.

La planificación estratégica tiene en cuenta cuáles deben ser las particularidades generales de la flota necesarias en función de la demanda estimada, la adaptación a las características del mercado al cual van destinadas y a las estrategias concretas que la empresa presenta frente a la competencia.

En cuanto a la dimensión, existen varias características esenciales que son comunes a cualquier flota de transporte:

- **Grandes flotas.** En términos generales, se considera que una flota es de gran tamaño cuando está formada a partir de 30 unidades de vehículos; posee variedad de modelos, capacidades de carga y equipamiento que le permite ofrecer servicios muy completos y satisfacer necesidades de distinta naturaleza. Las grandes flotas disponen de servicios propios de talleres, mantenimiento propio por personal especialista y depósitos de carburante. La ubicación física del estacionamiento base de los vehículos se sitúa próximo al mercado donde actúan, desde la gestión directa de la dirección de tráfico de la delegación a la que están destinados. A efectos de un correcto gobierno de las grandes flotas, en las tareas de programación y distribución se incluyen los vehículos subcontratados, generalmente autónomos, que mantienen una relación contractual estable a lo largo del tiempo con las grandes empresas. Las mayores organizaciones dedicadas al transporte se constituyen en sociedades anónimas, forma jurídica que facilita la presencia y expansión internacionales.

Figura 4.3. Hay compañías que son auténticos gigantes del transporte de mercancías, como, por ejemplo, Girteka la empresa lituana que tiene actualmente 23 500 empleados y que cuenta con 13 500 camiones. Esto lo convierte en el operador de camiones más grande de Europa y uno de los más grandes del mundo.

- **Flotas de mediano tamaño.** Son numerosas las empresas con una flota entre 6 y 30 vehículos, nacidas a partir de la iniciativa dinámica de crecimiento de un solo empresario, proyectada a partir de su propia experiencia como transportista autónomo. Si bien la estructura y los recursos que utiliza, propios o subcontratados, son similares a los grandes operadores, su interacción con los clientes se mantiene próxima y de carácter familiar, factor que le confiere una gran fortaleza competitiva. Es muy común que se presente mediante la forma jurídica de sociedad limitada, preservando así el control total de la compañía.
- **Pequeñas flotas.** Constituidas por menos de 6 vehículos, suelen actuar en las condiciones contractuales establecidas por grandes cadenas de distribución para quienes realizan la mayor parte de su desempeño, incluida la posibilidad de trabajar para un único cliente. Están fuertemente adaptadas a las necesidades de la empresa contratante en el sentido de disponibilidad y especialidades, por lo que su competitividad o posibilidades de crecimiento están limitadas; en cambio, gozan de una fuerte y positiva estabilidad en la facturación e ingresos recurrentes. Su forma jurídica se basa en la empresa individual o cooperativa de transportes, constituyéndose en sociedad limitada si el crecimiento lo permite.

Actividad propuesta 4.5

Material: Herramientas Office.

Contexto: Dimensión de la flota.

Cuestiones:

a) Identifica un operador de transporte con una disposición de gran flota de vehículos. ¿Cuál es la misión, visión y valores de la empresa elegida? ¿De cuántos vehículos dispone? ¿Está especializada en algún tipo de transporte o clase de mercancía?

b) Selecciona en www.youtube.com una gran empresa de transportes. Toma nota de la dimensión de su flota y de las características de las prestaciones que ofrece.

4.3.3. Capacidad de carga

La planificación de la flota debe adaptar los servicios ofertados a la tipología de la demanda, en función de los volúmenes, pesos y formas de embalaje exigidos, y concretar la distribución de la capacidad de carga de los vehículos.

Para ello, los vehículos de transporte se consideran y clasifican en:

- **Ligeros:** se trata de los camiones con menos capacidad de carga; su capacidad de transporte se considera la establecida entre 500 y 2500 kilos.
- **Livianos:** entre 2,5 y 3,5 toneladas de capacidad.
- **Semilivianos:** los comprendidos entre 3,5 y 4,5 toneladas.
- **Medianos:** su tonelaje oscila entre 4,5 y 5,5 toneladas.
- **Semipesados:** son los más frecuentes en el transporte por carretera, su capacidad de carga está entre 5,5 y 7,5 toneladas.
- **Pesados:** tienen la consideración de pesados los de capacidad de carga comprendida entre 7,5 y 9 toneladas.
- **Extrapesados:** este tipo de vehículos ofrece una capacidad de entre 9 y 11,5 toneladas.
- **Megapesados:** la capacidad de carga es la misma que la de los extrapesados, pero en este caso son más potentes y pueden llevar una tecnología en la caja de cambios de hasta 12 velocidades.
- **Terapesados:** los comprendidos entre 11,5 y 20 toneladas de carga, con distintas disposiciones de los ejes, a fin de repartir el peso.
- **Ultrapesados:** son vehículos de doble eje con una capacidad de carga que oscila entre 20 y 23 toneladas.
- **Gigapesados:** necesitan un permiso especial para circular por carretera, debido a su enorme capacidad, que llega a situarse entre 23 y 26 toneladas.

Figura 4.4. Semirremolque de cama rebajada para transporte de maquinaria muy pesada. *Fuente:* Faymonville.

4.3.4. Funcionalidad de la flota

Estimada la demanda futura a partir de los datos históricos a los que han añadido posibles nuevas acciones y conocidas las capacidades de carga disponibles en el mercado, se concreta el **número de vehículos y la capacidad** conveniente y necesaria para atender dicha demanda, teniendo en cuenta factores como:

- Sector donde se va a operar (energía, alimentación, metalurgia, etc.).
- Cliente tipo (productores, distribuidores, consumidores directos, etc.).

- Capacidad financiera de la empresa destinada a inversiones.
- Plazos de amortización esperados.

Establecida la estructura de la flota que se considera necesaria, procede ahora la contratación del **personal** suficiente y formado para la función que le ha de corresponder.

Por lo demás y desde el punto de vista logístico, cabe considerar las **necesidades de maniobra y estacionamiento** disponibles o con capacidad de ampliación, relacionadas directamente con las posibilidades de las estructuras propias actuales, con la capacidad de endeudamiento de la empresa (financiación) y por la disponibilidad técnica.

Actividad propuesta 4.6

Material: Acceso a internet.

Contexto: Capacidad de carga.

Cuestiones:

a) Busca un mínimo de tres fotografías de vehículos de cada una de las categorías expuestas en el texto, según la capacidad de carga.
b) Copia y pega las fotografías conseguidas en una base de PowerPoint, una hoja para cada categoría.
c) Añade rótulos descriptivos para cada categoría, diseño de fondo y otros complementos visuales.
d) Proyecta en el aula tu trabajo y comenta los aspectos más destacables.

4.3.5. Transporte especializado

El transporte especializado requiere de vehículos que ya han sido preparados, desde su diseño y fabricación, para cumplir con el servicio previsto:

- **Transportes frigoríficos:** es imprescindible para productos como pescado fresco, medicamentos, heladería, o productos electrónicos. Los vehículos poseen tecnología de termomapeado para el control y regulación del frío más adecuado a cada mercancía.
- **Mudanzas industriales:** requieren, además de vehículos de capacidad y disposición técnica adecuada, de operarios de alta calificación profesional. Su especialidad es el traslado de maquinaria, instalaciones desmontadas y otros elementos industriales.
- **Vehículos de seguridad:** el traslado de dinero efectivo o valores en cantidades que podrían ser atractivas para la delincuencia y el terrorismo requiere una formación avanzada del personal y de equipamiento específico. Por ello, el transporte de seguridad suele estar concentrado en un número reducido de grandes empresas.
- **Transporte de animales vivos:** el transporte de animales vivos está ampliamente regulado. La ley describe las condiciones higiénicas y de protección, para tener en cuenta en la planificación estratégica.
- **Transporte de gases licuados:** el gas natural, el metano y otros gases licuados del petróleo se transportan en cisternas especiales aisladas al vacío, garantía de un transporte seguro, ya que este tipo de productos puede aportar alguna presión

Figura 4.5. Vehículo blindado especial para transportar fondos de caudales y valores.

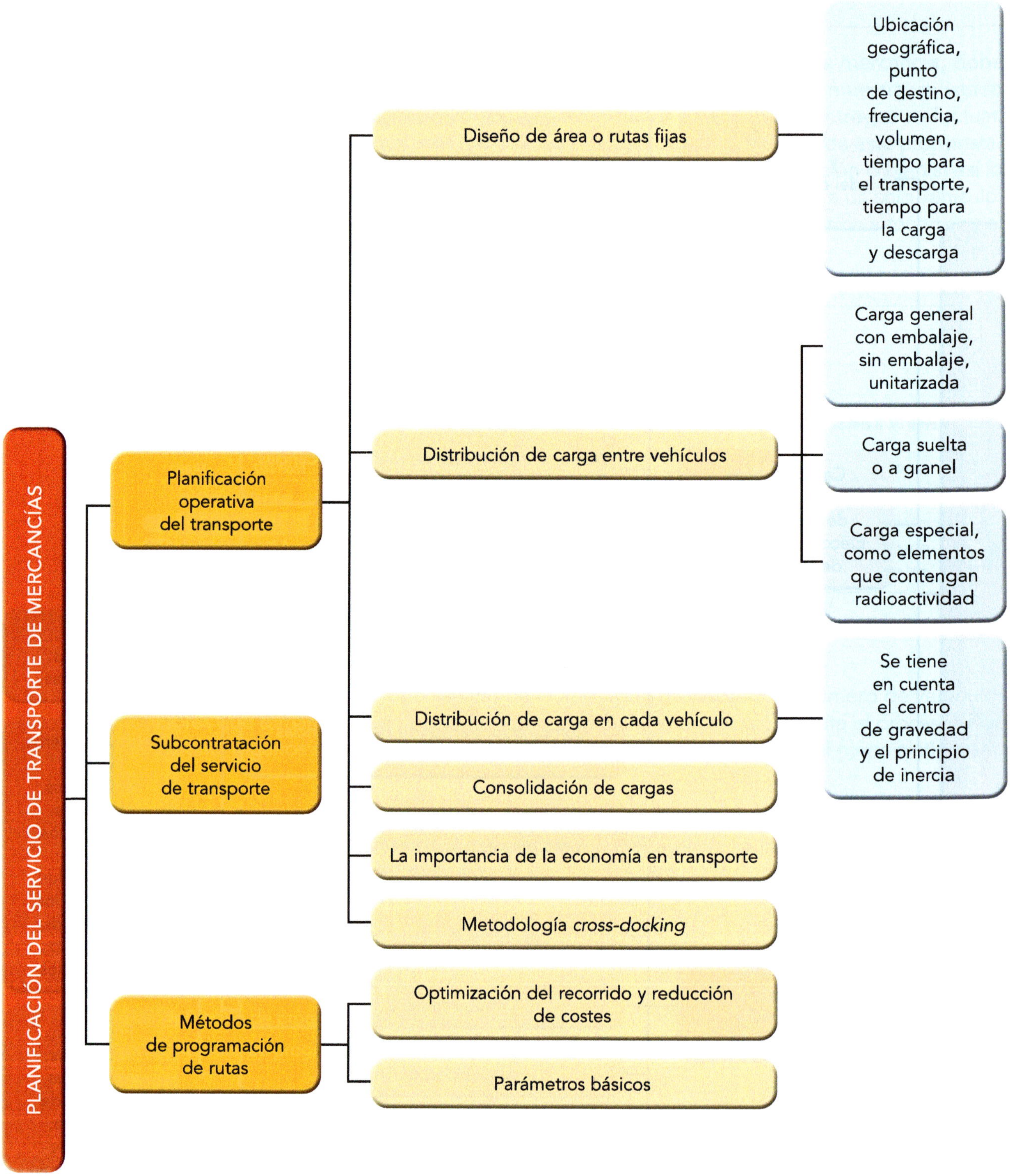
PLANIFICACIÓN DEL SERVICIO DE TRANSPORTE DE MERCANCÍAS
Planificación operativa del transporte
Subcontratación del servicio de transporte
Métodos de programación de rutas
Diseño de área o rutas fijas
Ubicación geográfica, punto de destino, frecuencia, volumen, tiempo para el transporte, tiempo para la carga y descarga
Distribución de carga entre vehículos
Carga general con embalaje, sin embalaje, unitarizada
Carga suelta o a granel
Carga especial, como elementos que contengan radioactividad
Distribución de carga en cada vehículo
Se tiene en cuenta el centro de gravedad y el principio de inercia
Consolidación de cargas
La importancia de la economía en transporte
Metodología cross-docking
Optimización del recorrido y reducción de costes
Parámetros básicos

Actividades finales

De comprobación

4.1. El objetivo fundamental de la planificación del transporte es:

a) La puntualidad en la entrega.
b) La seguridad de las mercancías.
c) La satisfacción del cliente.
d) La ausencia de incidentes.

4.2. La planificación estratégica se basa en:

a) La elaboración de presupuestos.
b) La coordinación de recursos.
c) La reorganización interna.
d) Las decisiones de la dirección.

4.3. El transporte multimodal es:

a) El combinado de tierra y aire.
b) El combinado de mar y aire.
c) El combinado de tierra y mar.
d) El combinado de los distintos medios disponibles.

4.4. ¿Qué se entiende por transporte combinado?

a) El transporte intermodal dentro de la UE.
b) El transporte intermodal dentro de la Península.
c) El transporte intermodal entre comunidades autónomas.
d) El transporte intermodal a nivel mundial.

4.5. La planificación debe estar presidida por:

a) Criterios económicos y financieros.
b) Criterios de eficacia y eficiencia.
c) Criterios de misión, visión y valores.
d) Criterios empresariales.

4.6. La demanda futura se cuantifica por:

a) Adición de las nuevas acciones a los datos históricos.
b) Consulta a las cámaras de comercio.
c) Información de sindicatos del transporte.
d) Datos de la comunidad autónoma.

4.7. Se consideran grandes flotas las superiores a:

a) 15 vehículos.
b) 20 vehículos.
c) 25 vehículos.
d) 30 vehículos.

4.8. Los vehículos de transporte más frecuentes son:

a) Medianos, entre 4,5 y 5,5 toneladas.
b) Semipesados, entre 5,5 y 7,5 toneladas.
c) Pesados, entre 7,5 y 9 toneladas.
d) Extrapesados, entre 9 y 11,5 toneladas.

4.9. El transporte especializado:

a) Es el peligroso.
b) Es el de animales vivos.
c) Es el frigorífico.
d) Todas las respuestas anteriores son correctas.

4.10. La distribución centralizada une:

a) Un almacén central con otros puntos de distribución.
b) Una fábrica con un punto de venta directo.
c) Un muelle de embarque con una estación ferroviaria.
d) Un aeropuerto con un *hub* logístico.

4.11. La carga unitarizada es la que:

a) Presenta características únicas.
b) Ocupa un único espacio.
c) Está programada para un único destino.
d) Agrupa distintas procedencias.

4.12. La distribución de la carga dentro del vehículo tiene en cuenta:

a) El comportamiento dinámico del vehículo.
b) El estado de las carreteras.
c) La decisión del cliente final.
d) La normativa del ayuntamiento.

4.13. La consolidación de cargas permite:

a) Mejorar la velocidad de entrega.
b) Optimizar el espacio y reducir costes.
c) Garantizar la seguridad de las mercancías.
d) Satisfacer las necesidades del cliente.

4.14. Las economías de escala en el transporte se obtienen:

a) Reduciendo costes operativos.
b) Aumentando la plantilla de conductores.
c) Reduciendo el tiempo en ruta.
d) Aumentando la dimensión de flota.

4.15. ¿Qué permite la tecnología *cross-docking*?

a) Diferenciar los métodos de carga.
b) Aumentar la seguridad de las rutas.
c) Reducir los costes de almacenaje.
d) Facilitar las entregas a domicilio.

4.16. La función de planificación tiene por objetivo:

a) Mejorar la velocidad de entrega.
b) Optimizar el recorrido y reducir costes.
c) Garantizar la seguridad de las mercancías.
d) Satisfacer las necesidades del cliente.

De aplicación

4.17. Muestra gráficamente los objetivos básicos y las estrategias del departamento de tráfico, sus condicionantes para alcanzar el objetivo fundamental. Añade al gráfico las consecuencias y el provecho de una buena planificación.

4.18. Distintas empresas planifican diferentes envíos y deben decidir los medios de transporte más adecuados y eficientes en cada caso. Haz una propuesta y explica las razones de tu decisión.

a) Transporte de muebles, desde el almacén del fabricante al almacén del distribuidor, con un peso total de 2000 kg desde Alicante a Badajoz.
b) Transporte de 50 000 litros de gas propano licuado, a gran distancia.
c) Transporte de pequeñas piezas de hierro viejo, desde un almacén en Madrid a una fundición en Bilbao, con un peso total de 8000 kg.
d) Transporte de ocho coches utilitarios, desde el centro de distribución de Seat a un concesionario en Alicante.
e) Exportación de 400 coches utilitarios, desde el centro de distribución de Seat a Vilnius (Lituania).
f) Importación de 5 toneladas de cerezas procedentes de Chile, a un centro de distribución en España.
g) Exportación de anillos de oro y brillantes a Abu Dabi.
h) Exportación de cerámica para la construcción, desde Villarreal a Singapur.

4.19. En la planificación estratégica del transporte se toman diversas decisiones. Aporta ejemplos de cada una de las decisiones que sugiere el texto.

4.20. Explica con tus propias palabras y en voz alta, qué variables debe tener en cuenta una correcta programación de un transporte internacional de larga distancia. Añade aquellas variables que, según tu criterio, complementen las citadas en el texto.

4.21. Busca textos periodísticos donde se use el concepto de eficiencia, sea en el transporte o no, y valora si se usa correctamente en todos los casos. Explica a tus compañeros/as las diferencias entre el concepto de eficacia en el transporte y la consideración de un transporte eficiente.

4.22. Identifica hasta veinte operadores de transporte, nacionales o extranjeros, y visita su página web corporativa. Encuádralos en una clasificación según la dimensión de su flota siguiendo el criterio propuesto en el texto. Añade a cada operador la forma jurídica de cada empresa y comenta si existe relación o no entre la dimensión de la flota y la forma jurídica de la razón social.

4.23. Mediante el uso de herramientas Office, prepara el diagrama que creas más apropiado para mostrar las distintas denominaciones de la capacidad de carga en el transporte. Especifica las franjas de tonelaje que comprende cada clasificación.

4.24. Visualiza el vídeo https://youtube.com/watch?v=ZjXLUuDemms y contesta las siguientes cuestiones:

a) ¿Qué dos peligros se cita en el vídeo referentes a cómo colocar la carga en un camión?
b) ¿Qué porcentaje de accidentes se deben a una estiba incorrecta?
c) Anota en tu cuaderno la definición de estiba explicada en el vídeo.
d) ¿Qué parte del vehículo queda afectada por una mala distribución de las mercancías?
e) ¿Qué norma europea regula la colocación de las mercancías?

«Estibación de la carga»

4.25. Un pequeño operador del transporte dispone de una flota de tres vehículos con los que llevar a cabo el servicio; dado que en la nave de alquiler donde se aparcan dispone de espacio para tres vehículos más y existe una fuerte demanda, decide ampliar el negocio invirtiendo cada año en un vehículo adicional. Comenta:

a) Dado que el alquiler es fijo y los servicios van a aumentar en los próximos años, ¿puede hablarse de economías de escala en relación con el alquiler de la nave? Explícalo.

b) Si a partir del cuarto año pretende adquirir un nuevo vehículo, el aumento de la producción ¿supondrá mayores economías de escala?

c) Visualiza el vídeo https://youtube.com/watch?v=pNx4n6lGy1g y relaciona los contenidos generales con los aplicables al sector del transporte. Identifica los vocablos producción, coste medio, unidad de producción y deseconomías en el ejemplo del pequeño operador.

d) Realiza una propuesta de datos concretos razonables para este ejemplo en cuanto a ingresos y gastos a lo largo de un período de seis años y dibuja un gráfico siguiendo el modelo del vídeo.

e) Debate en el aula el trabajo realizado acerca de economías y deseconomías de escala en la organización del transporte.

«Economías de escala»

4.26. Descarga, instala y prueba el mayor número de aplicaciones informáticas dirigidas a la programación de rutas.

a) Compara los resultados con las prestaciones de la aplicación propuesta en el texto (OptimoRoute).

b) Valora los resultados obtenidos y otorga una puntuación del 1 a 10 para cada aplicación testeada.

c) Discute en el aula cuál es la aplicación que se considera más eficiente para la programación de rutas.

De ampliación

4.27. La calidad del servicio de transporte se mide en términos de puntualidad, eficacia y ausencia de incidentes, pero ¿puedes añadir otros términos o conceptos que signifiquen un perfeccionamiento de la calidad en el transporte de mercancías?

4.28. En tu opinión, ¿qué ventajas aporta la fidelización del cliente en el servicio de transporte?, ¿es posible matizar las ventajas de la fidelización del cliente distinguiendo el transporte internacional del interno?

4.29. Al preparar los objetivos y las estrategias del departamento de tráfico en una reunión real de trabajo, ¿qué aportación crees que podrías hacer en relación con el aumento de la productividad y la rentabilidad final de los servicios logísticos a programar?

4.30. En el texto se citan algunas características del transporte de mercancías, presentadas en un determinado orden. ¿Crees necesario modificar el orden de estas características y dar mayor o menor relevancia a una u otras?

4.31. Según tu forma de ver la organización del transporte, ¿qué debe ser prioritaria, la eficacia o la eficiencia? Argumenta detalladamente tu punto de vista al respecto.

4.32. En relación con la cuantificación de la demanda futura del servicio de transporte, como parte de la planificación estratégica, ¿cuál sería tu aportación a las reuniones en la empresa?

4.33. ¿Qué opinión te merece la convención en el sector del transporte de calificar las flotas de transporte en grandes, medias y pequeñas? Explica tu razonamiento.

4.34. De los factores que se citan en el texto como necesarios para fijar la capacidad de carga precisa en la empresa, ¿cuál destacarías como el más importante? ¿Por qué razón?

4.35. ¿Crees que podrías añadir alguna variable más a las citadas en el texto como las que se tienen en cuenta en el diseño de una ruta fija? Explica el porqué.

4.36. ¿Calificarías de graves o muy graves las consecuencias de una mala colocación de las mercancías en el vehículo? Defiende tu opinión con argumentos sólidos y constatables.

Unidad 5

Introducción

En una compañía dedicada al transporte, la gestión del tráfico diario viene condicionada por una serie de factores muy diversos, desde las propias características geopolíticas de las zonas que atravesará el vehículo, hasta las propias de las mercancías a transportar. Todo ello requiere, además de la consideración de estos factores, de una adaptación a la numerosa normativa aplicable que emana del Parlamento Europeo o de la propia legislación nacional.

PROGRAMACIÓN Y GESTIÓN DEL TRÁFICO DIARIO

Contenidos

Objetivos

- Identificar las redes de transporte más utilizadas habitualmente con las características más relevantes de las mismas y las normas, prohibiciones y restricciones a la circulación en el ámbito nacional, comunitario e internacional.
- Confeccionar la ruta de un servicio de transporte, utilizando programas informáticos.
- Identificar los principios, técnicas, reglas y precauciones generales que se deben tener en cuenta en la carga, estiba y descarga de las mercancías.
- Seleccionar los distintos tipos de dispositivos de mantenimiento y carga en función de la mercancía (compuertas, contenedores, paletas, etc.).
- Determinar horas de salida y llegada, tiempo de conducción y de descanso, según la normativa aplicable y las consignas e instrucciones sobre conducción preventiva establecidas por la empresa.
- Seleccionar los documentos necesarios para la realización de los servicios de transporte por carretera.
- Analizar los procedimientos de verificación tanto en la empresa como a bordo de los vehículos de los documentos correspondientes a cada operación de transporte realizada.
- Poner en práctica los procedimientos adecuados para respetar las normas relativas al transporte de mercancías peligrosas y residuos, transporte de bienes perecederos y transporte de animales.

5.1. Geografía física, política mundial y redes de transporte

En su definición más elemental, una red de transporte es una infraestructura creada para facilitar la circulación de vehículos que transportan personas o mercancías. Su disposición está pensada para conectar centros de población, áreas industriales y centros de distribución, en la que se ha tenido en cuenta las posibilidades y dificultades que ofrece la geografía física donde se realiza la actividad. La red de transporte busca la conexión entre diferentes medios de transporte (carretera-ferrocarril, carretera-puerto, ferrocarril-puerto, etc.) para favorecer la eficiencia que ofrece la intermodalidad, o empleo de distintos medios de transporte organizados y combinados para el traslado de mercancías entre dos puntos distintos del planeta.

Desde un punto de vista teórico, el funcionamiento del transporte está configurado por cuatro elementos:

1. Infraestructuras estáticas: instalaciones, garajes, muelles de carga, grúas fijas, etcétera.
2. Infraestructuras de paso: carriles, autopistas, carreteras, puentes, viaductos y túneles.
3. Elementos dinámicos: el tráfico, los desplazamientos, la navegación marítima o aérea y las modalidades de transporte que se emplean en cada caso.
4. Elementos organizativos: rutas elegidas, tiempos empleados en un recorrido y sistemas de carga y descarga.

Figura 5.1. Planificar adecuadamente el transporte internacional de mercancías es clave para conseguir que un negocio de esta naturaleza sea exitoso. Programar anticipadamente controlando todos los pasos a realizar ayudará a que el producto llegue al cliente en el plazo establecido y los costes se reducirán.

Todos estos elementos construyen el modelo para facilitar el intercambio de bienes y, por tanto, el desarrollo del comercio, nacional e internacional.

Genéricamente, en el comercio internacional, el transporte basado en la intermodalidad implica el paso de las mercancías por distintos países y distintas regulaciones arancelarias, en las que cabe distinguir las operaciones comerciales dentro de la Unión Europea y las que se sitúan fuera de la Unión (países terceros).

Según el Tratado de la Unión Europea, firmado por España, el mercado interior europeo implica un espacio sin fronteras interiores, en el que la libre circulación de mercancías, personas, servicios y capitales está garantizada de acuerdo con la Carta de los Derechos Fundamentales de la Unión Europea y otras disposiciones.

La UE comprende una unión aduanera, que abarca la totalidad de los intercambios de mercancías y que implica la prohibición, entre los Estados miembros, de los derechos de aduana de importación y exportación y de cualesquiera exacciones de efecto equivalente, así como la adopción de un arancel aduanero común en sus relaciones con terceros países.

Vocabulario

Intermodalidad. Combinación coordinada de distintos medios de transporte.

Arancel. Tipo de tributo que se impone sobre un bien o servicio al atravesar una frontera entre dos países.

Exacción. Acción y efecto de exigir un impuesto.

Actividad propuesta 5.1

Material: Fichas temáticas sobre la Unión Europea.
www.europarl.europa.eu/factsheets/es/sheet/123/la-politica-comun-de-transportes-principios-generales

Contexto: El transporte en la Unión Europea.

Cuestiones: Lee la ficha de referencia y responde a las preguntas siguientes:

a) ¿Qué aspectos positivos para el transporte internacional supuso el Tratado de la Unión Europea?
b) ¿Qué secuelas o aspectos negativos para el transporte internacional ha creado?
c) ¿Qué objetivos de reducción de las emisiones de gases están previstos?
d) ¿Qué recomendaciones hace el Parlamento Europeo respecto al transporte, con el fin de cumplir con los objetivos climáticos?

La definición del arancel aduanero común corresponde al Consejo Europeo, a propuesta de la Comisión, y se guía a la vista de los siguientes principios generales:

- La necesidad de promover los intercambios comerciales entre los estados miembros y terceros países.
- La evolución de las condiciones de competencia dentro de la Unión Europea, en la medida en que dicha evolución tiene por efecto el incremento de la capacidad competitiva de las empresas.
- Las necesidades de abastecimiento de la Unión en materias primas y productos semielaborados, procurando que no se falseen, entre los Estados miembros, las condiciones de competencia de los productos acabados.
- La necesidad de evitar perturbaciones graves en la vida económica de los Estados miembros y garantizar un desarrollo racional de la producción y una expansión del consumo en la Unión.

Queda explícitamente prohibido entre los Estados miembros las restricciones cuantitativas a la importación y a la exportación, así como todas las medidas de efecto equivalente.

Figura 5.2. Reino Unido abandona la UE el 31 de enero de 2020 y, a partir del 1 de enero de 2021, es tratado como un tercer país. Se aplicarán aranceles a países con los que el Reino Unido no tenga ningún tipo de acuerdo comercial.

Actividad propuesta 5.2

Material: Fichas temáticas sobre la Unión Europea.
www.europarl.europa.eu/factsheets/es/sheet/147/la-libre-circulacion-de-personas

Contexto: Acuerdos y normativa europea acerca de la libre circulación.

Cuestiones:

a) Elabora un resumen o recensión de un mínimo de 500 palabras de la ficha temática de la Unión Europea acerca de la libre circulación, su base jurídica y los resultados expuestos.

b) Describe brevemente el efecto sobre los aranceles que se produjo a partir de la salida de Reino Unido de los acuerdos europeos (Brexit).

c) ¿Qué países fuera de la Unión Europea aplican total o parcialmente los acuerdos Schengen?

No obstante, pueden existir prohibiciones o restricciones a la importación, exportación o tránsito justificadas por razones de:

- Orden público, moralidad y seguridad públicas.
- Protección de la salud y vida de las personas y animales, preservación de los vegetales.
- Protección del patrimonio artístico, histórico o arqueológico nacional.
- Protección de la propiedad industrial y comercial.

Las prohibiciones o restricciones no deben constituir un medio de discriminación arbitraria ni una restricción encubierta del comercio entre los Estados miembros. Por ejemplo, el lentisco es un arbusto protegido que crece espontáneamente en el clima mediterráneo y es valorado como planta ornamental en los países fríos, con una demanda creciente. Su comercio internacional debe estar restringido y su recolección controlada.

Recuerda

Schengen o espacio Schengen es un grupo de países que eliminaron los controles migratorios en las fronteras comunes, funcionando en términos fronterizos, como un solo país. Fue creado en 1995 y lo forman 26 países, que son: Alemania, Austria, Bélgica, Dinamarca, Eslovenia, España, Estonia, Finlandia, Francia, Grecia, Hungría, Islandia, Italia, Letonia, Liechtenstein, Lituania, Luxemburgo, Malta, Noruega, Países Bajos, Polonia, Portugal, República Checa, República Eslovaca, Suecia y Suiza.

Actividad propuesta 5.3

Material: Acceso a internet.

Contexto: Restricciones al comercio internacional en la Unión Europea.

Cuestiones:

a) Comprueba si existe alguna noticia o referencia al expolio o a la recolección ilegal del arbusto del lentisco con el objetivo de ser exportado. Redacta en síntesis las ideas más relevantes.

b) Identifica la normativa de la Unión Europea aplicable para este caso concreto y valora la posibilidad o no de exportar legalmente este arbusto.

c) Identifica, en la web de la Unión Europea, los cuatro grupos de obstáculos que todavía persisten en 2022 en el mercado único, previstos de armonizar.

d) Traslada los cuatro grupos identificados a un gráfico o esquema elaborado por ti mismo.

e) ¿Puedes aportar algún ejemplo concreto?

5.2. Métodos de cálculo en la programación de transporte

La programación de transporte se realiza mediante técnicas cuantitativas que persiguen disminuir los costes aparejados a la distribución de bienes y servicios desde diferentes orígenes hasta diferentes destinos.

5.2.1. Confección de rutas

En general en la logística de distribución, y especialmente en el transporte, ante la idea de trasladar mercancías desde un centro productivo a un centro de distribución o cualquier otra combinación de instalaciones, servicios o centros integrados, la cuestión elemental es: ¿qué ruta o itinerario va a ser el más interesante en términos económicos, por tanto, el más rentable?

Se pretende cumplir con el servicio encargado al mínimo coste, el coste óptimo, de confeccionar la mejor ruta en sentido económico, base y objetivo de la iniciativa empresarial, siempre teniendo en cuenta la calidad del servicio y el cumplimento escrupuloso del contrato.

El problema no es sencillo, puesto que no se trata únicamente de transportar mercancías desde el punto A al B, sino que es muy habitual que existan puntos de origen distintos (por ejemplo, fábricas o centros de distribución) que deban satisfacer demandas desde puntos de destino diferentes, por ejemplo, puertos, *hubs* logísticos o directamente puntos de venta al público. Adicionalmente, en la planificación de las rutas deben considerarse además los tiempos de descanso reglamentarios, posibles tareas de mantenimiento del vehículo, repostaje, etcétera.

De ello se derivan múltiples posibilidades y combinaciones, de las cuales se busca conocer la óptima o, cuanto menos, poseer la información necesaria para la mejor toma de decisiones adecuada a las circunstancias.

Como ***ejemplo*** claro de todo esto está el grupo Volkswagen que opera en 61 plantas de producción ubicadas en quince países europeos, donde produce miles de automóviles y catorce marcas distintas. La mayoría de sus marcas se fabrican en distintos puntos geográficos y deben atender la demanda.

Ante esta problemática, se han estudiado diversas alternativas de trabajo que puedan ayudar a establecer un criterio aceptable de organización del transporte para una distribución óptima de las mercancías:

- Método PERT.
- Métodos Vogel, coste mínimo y esquina noroeste.

Cada una de las soluciones obtenidas con estos métodos actúa como solución básica, a complementar con otras opciones metodológicas si se desea alcanzar una respuesta ideal, puesto que la elección de un resultado u otro va a depender de cada caso y del contexto competitivo en el que se encuentre la empresa.

5.2.2. Método ruta crítica PERT

El método PERT para la confección de rutas, en su concepto más elemental, se basa en representar visualmente en forma de figuras geométricas enlazadas, un itinerario a seguir por un vehículo de transporte entre un punto de origen y de destino en cumplimiento de un contrato o un encargo recibido. A lo largo del itinerario previsto, se señalan las distintas acciones a cumplir mediante

Actividad resuelta 5.2

Un fabricante de calzado de deporte trabaja indistintamente desde dos centros de producción, ubicados en Zamora y en Alicante, respectivamente. En el almacén de Zamora mantiene 2000 pares y en el de Alicante, 1500 pares, listos para su transporte a destino. Se propone dar respuesta a los pedidos de tres distribuidores mayoristas, ubicados en Málaga, A Coruña y Girona, quienes han solicitado 800, 900, 1800 pares de zapatillas.

A la vista del sistema interno analítico de costes se acepta que el coste del transporte es de 1,2 €/km. Las distancias entre los distintos puntos geográficos son las siguientes: Zamora – Málaga: 732 km / Zamora – A Coruña, 399 km / / Zamora – Girona, 889 km / Alicante – Málaga, 472 km / Alicante – A Coruña, 1018 km / Alicante – Girona, 617 km.

Realiza una matriz con los datos del ejemplo:

Zamora	878	479	1067
Alicante	566	1222	740
	Málaga	A Coruña	Girona

Solución:

La resolución matemática de matrices reviste una alta complejidad en el proceso de cálculo, por lo que es imprescindible el uso de una aplicación electrónica adecuada, diseñada para esta finalidad específicamente. Para este ejemplo se utilizará la aplicación TransportesOP, entre otras disponibles.

La metodología de cálculo se reduce a introducir los datos en la aplicación, siguiendo los siguientes pasos:

Identificación. Este primer paso es opcional. Puede substituirse el sustantivo «Problema» por otro que identifique la marca, el modelo u otra característica de las mercancías a distribuir, por ejemplo «Streetwear» o cualquier otro.

Orígenes y destinos. Es necesario introducir en las casillas correspondientes el número de puntos de partida de donde deben realizarse las expediciones, bien sean fábricas o centros de distribución, en este caso «2» centros de origen« y «3» centros de destino. Señalar la casilla «Maximización» y a continuación «registrar» (*cadastrar*). Acceder a la siguiente página.

Introducción de costes (*custos*). Las casillas blancas deben contener los costes de transporte (n.° km × 1,2 €) entre los puntos de origen «O» y los puntos de destino «D», en este caso son los siguientes (cifras redondeadas):

Zamora	878	479	1067
Alicante	566	1222	740
	Málaga	A Coruña	Girona

Introducción de la oferta y la demanda. Las casillas verdes deben contener en la columna «O» (origen) la producción de zapatillas de deporte producidas y preparadas para el envío (demanda), y en la fila «D» (destino) las cantidades solicitadas (demanda), de esta forma:

Zamora	878	479	1067	2000
Alicante	566	1222	740	1500
	800	900	1800	
	Málaga	A Coruña	Girona	

Es conveniente comprobar visualmente que el total de unidades disponibles coincide con el de unidades pedidas, puesto que de otro modo no está permitido avanzar en el proceso de cálculo.

Proceso. A continuación, la aplicación ejecuta un proceso intermedio de minimización de los datos, paso necesario para obtener el resultado final.

Si todo está correcto y completo, aparece abajo a la derecha la flecha que indica avanzar, después de la cual se ofrecen los resultados, a elegir entre los métodos de cálculo coste mínimo, Vogel y esquina noroeste.

a) Resultados de los métodos de coste mínimo y Vogel (coincidentes en este caso):

Zamora	344	743	155	2000
Alicante	656	0	482	1500
	800	900	1800	
	Málaga	A Coruña	Girona	

Según los métodos de coste mínimo y Vogel, para una óptima organización del transporte, el pedido de 800 pares de Málaga debería servirse íntegramente desde Zamora, el de 900 pares de A Coruña, íntegramente desde Alicante, y el de Girona debería entregarse en dos lotes, 1200 pares procedentes de Zamora y 600 pares procedentes de Alicante.

b) Resultados del método esquina noroeste:

Zamora	800	900	300	2000
Alicante	0	0	1500	1500
	800	900	1800	
	Málaga	A Coruña	Girona	

Según el método de esquina noroeste, para una óptima organización del transporte, el pedido de 800 pares de Málaga y el del 900 pares de A Coruña deberían enviarse íntegramente desde Zamora, y el de Girona debería servirse en dos lotes, 300 pares procedentes de Zamora y 1500 pares a enviar desde Alicante.

La elección de un resultado u otro, siempre orientativo, debe considerar los fundamentos de cada uno de los métodos:

El método de coste mínimo de confección de rutas se fundamenta en priorizar aquellas rutas que ofrecen menores costes en términos económicos, sin considerar otras variables. Consiste en asignar la mayor cantidad de unidades posible a los destinos de menor coste, en toda la matriz, teniendo en cuenta las restricciones que se derivan de las capacidades de oferta (origen) y demanda (destino). En este ejemplo, el centro de producción de Zamora dispone únicamente de 2000 pares y el de Alicante 1500 pares, lo cual supone una restricción objetiva que no puede soslayarse.

El método Vogel utiliza un algoritmo de cálculo basado en iteraciones, fundamentado en identificar distintos costes de oportunidad en distintos supuestos de abandono o pérdidas en el transporte, en los que aplica penalizaciones.

El método de la esquina noroeste consiste en asignar el transporte de mayor volumen posible de origen iniciando el proceso por la parte superior izquierda de la matriz, de izquierda a derecha y de arriba a abajo. No tiene en cuenta el coste unitario de transporte, sino el máximo de disponibilidad de cada punto de origen y la máxima capacidad de absorción del destino de las mercancías.

Actividad propuesta 5.5

Material: Aplicaciones TransportesOP, Google Maps, hoja de cálculo.

Contexto: LogicHispania trabaja desde tres centros de distribución en la Península, ubicados en Madrid, Barcelona y Valencia. Según contrato con Carrefour debe llevar semanalmente 1000 kg de latas de conserva a Sevilla, 800 kg a Bilbao, 900 kg a Gijón y 1300 kg a Lisboa. En Madrid dispone de 1500 kg, en Barcelona de 1200 kg y en Valencia de 1300 kg. El coste por kilómetro se estima en 1,5 €.

Actividad propuesta 5.8

Material: Herramientas Office. Vídeo https://youtube.com/watch?v=Cpv2IzQ_JA0

Contexto: Contenerización de las mercancías.

Cuestiones:

a) Visualiza íntegramente el vídeo propuesto como material de trabajo.

b) Identifica qué operaciones se realizan manualmente y cuáles mecánicamente.

c) Observa qué precauciones se toman para garantizar la seguridad de las mercancías y de las personas.

d) Sintetiza por escrito las observaciones efectuadas.

«Carga de contenedor»

5.3.1. Proceso de carga de mercancías

El primer paso, antes de iniciar el proceso físico de carga, debe ser el de la comprobación de la documentación, que debe ser la adecuada en cada caso, dependiendo del tipo de mercancía, clara, ordenada y completa.

Se comprobará, antes de iniciar la carga, las perfectas condiciones de uso del vehículo, en el sentido que debe estar vacío de cualquier resto de materiales o basura y debe estar en las condiciones de higiene que tengan sentido de acuerdo con las características del envío. Por ejemplo, un camión puede presentar ligeros restos de carbón si su carga habitual es de esta naturaleza, pero este punto de partida sería completamente inadecuado para otra clase de mercancías.

Si se trata de un vehículo que debe cargar productos en frío o congelados, deberá estar previamente enfriado en las condiciones de uso reglamentarias.

El cargador o persona responsable de la carga efectiva deberá estar dotado de todos los recursos necesarios para desarrollar su labor eficazmente y sin riesgos, desde los medios mecánicos si son necesarios, a la misma condición del muelle de carga.

La zona o muelle de carga debe estar perfectamente definida por el cargador mediante rótulos o indicaciones, a fin de que el vehículo adopte la posición de estacionamiento correcta para iniciar el proceso, de acuerdo con las señalizaciones.

En las instalaciones logísticas importantes, es conveniente que un responsable de la expedición marque el inicio del proceso de carga mediante autorización explícita, a fin de coordinar las acciones con otros posibles trabajos que puedan realizarse en aquellos momentos y evitar que puedan interferir el proceso.

El vehículo que carga debe estacionar en la zona de carga indicada a la hora indicada y en la posición que se le indique. Los horarios deben ser respetados escrupulosamente; en este sentido, la hora exacta puede variar diez o quince minutos, pero no tiempos superiores.

Una vez el vehículo está situado en la posición conveniente, es necesario verificar la correcta colocación de la plataforma, si existe este dispositivo, o de la sujeción de las puertas u otros elementos que van a intervenir directa o indirectamente en el proceso de carga.

Después de estas precauciones puede iniciarse el proceso de carga, del cual se responsabiliza plenamente el transportista, que deberá actuar y estar presente en todo momento.

Especialmente, el transportista deberá comprobar:

- Que la mercancía no presente exteriormente ninguna clase de deterioros o desperfectos visibles.

- Que el número de unidades cargadas bien sea mediante el uso de paletas u otro medio, coincida exactamente con la documentación; en caso de diferencia, debe comunicarse inmediatamente al responsable del cargador.
- Si la mercancía exige una temperatura específica o un nivel de humedad especial comprobará que todo está correcto en los equipos termómetro e higrómetro del vehículo. El incumplimiento de este requisito impide la carga.
- Que la estabilidad de las unidades de carga paletizadas es completa y segura, comunicándose al responsable cargador la incidencia detectada. El transportista es responsable de garantizar la estabilidad de la carga, cualquiera que sea su presentación o formato.
- Que la estabilidad queda reforzada mediante trincaje o colocación de barras de sujeción, cuerdas, cadenas o cualquier otro medio adecuado a cada especialidad.

Vocabulario

Trincaje. Acción de sujetar e inmovilizar los contenedores o paletas durante el transporte, ya sea aéreo, terrestre o marítimo.

Figura 5.5. Carga de paletas con carretilla elevadora en el contenedor de un camión situado en el muelle del almacén del centro logístico.

En la documentación se reflejarán las unidades cargadas, indicando el formato (bultos, paletas, cajas, etc.) y se indicará expresamente cualquier incidencia que se haya detectado durante el proceso.

Los medios físicos utilizados, como carretillas, plataformas de carga u otros, se restablecerán a su posición de origen y en correctas condiciones.

El proceso se termina con el cierre de compuertas, y, en su caso, de conexión del equipo de frío, antes de la partida hacia el destino.

El proceso de descarga debe seguir exactamente el mismo protocolo, en sentido contrario.

Actividad propuesta 5.9

Material: Herramientas Office. Vídeo https://youtube.com/watch?v=WAld_3hKO4k

Contexto: Manejo de carretillas elevadoras (toros).

Cuestiones:

a) Visualiza íntegramente el vídeo propuesto como material de trabajo.
b) Observa qué acciones van dirigidas a realizar el proceso de acuerdo con las observaciones del texto.
c) Observa qué precauciones de seguridad se toman.
d) Describe qué pasos en el proceso de carga no se visualizan en el texto.
e) De todas las observaciones, presenta un resumen escrito.

«Manejo de carretillas elevadoras»

5.3.2. Proceso de carga marítima, arrumaje y estiba

En el transporte en general, se entiende por estiba el proceso de situar, colocar, distribuir convenientemente, proteger y asegurar mediante trincaje las mercancías dentro de cualquier vehículo, que puede ser desde un camión tráiler a un vagón de ferrocarril o bodega de un avión o buque.

No obstante, a diferencia de los otros medios, en el transporte marítimo cobra singular importancia el proceso de estiba, debido a las dificultades propias del enorme volumen en que se trabaja, del propio medio marítimo y de la previsible circunstancia de sufrir fuertes movimientos (tormentas, oleajes, etc.) durante el trayecto.

El objetivo que persigue el proceso de estiba es el de garantizar un servicio de transporte internacional basado en criterios de **optimización económica y segura,** mediante:

- La ocupación de las mercancías en el mínimo espacio, a fin de alcanzar su máximo aprovechamiento.
- La previsión de roturas o averías en las mercancías generadas por desplazamientos y golpes.
- La reducción del tiempo en el proceso de descarga en el puerto de destino.
- La seguridad de la tripulación y del mismo buque.

Para tomar la decisión definitiva acerca de la ocupación de las mercancías dentro del buque, convenientemente y con el mínimo espacio, la estiba se planifica previamente y con suma atención, con la idea de alcanzar la carga máxima teórica. En todo el proceso, se toman en cuenta los factores influyentes como son el peso, tamaño y forma de los contenedores, o, si las mercancías así lo requieren, se consideran sus características físicas o químicas.

Previamente al proceso de carga, en el buque se realizan funciones de limpieza, ventilación y desinfección de los espacios donde va a ser colocada la mercancía, teniendo en cuenta sus nuevas características en relación con la carga transportada con anterioridad. Asimismo, se realizan funciones de preparación, tales como la colocación de marcas y separadores donde va a ir situada la mercancía.

Sabías que

Los tipos de estibas que existen son:

- De madera.
- De cartón.
- De metal.
- De plástico.

Se entiende por **arrumaje** el proceso de distribución y colocación de la carga en un contenedor con la idea de máximo aprovechamiento del espacio disponible, especialmente en mercancías a granel. El arrumaje debe tener en cuenta que una vez la carga está introducida en el contenedor y asegurada, este ya no será abierto y que van a producirse tensiones durante el viaje.

Figura 5.6. Arrumaje en camión de sacos a granel.

Actividad propuesta 5.10

Material: Herramientas Office. Vídeo https://youtube.com/watch?v=Uffs_JykTUI

Contexto: La estiba de mercancías en un buque mercante.

Cuestiones:

a) Visualiza el vídeo propuesto como material de trabajo.
b) Explica por escrito qué son, para qué sirven y en qué forma están dispuestas las barras de trinca.
c) Dibuja a mano un grupo de contenedores trincados.
d) Explica por escrito qué son, para qué sirven y cómo se utilizan las tapas de bodega.

«Un día en la vida de un buque portacontenedores: maniobra y estiba»

Las tensiones a las que está sometida la mercancía durante un viaje pueden ser de dos naturalezas distintas:

- **Tensiones estáticas,** debidas a la presión derivada del apilamiento de la carga. Pueden generar deformaciones o doblamientos de las mercancías, quizá roturas importantes. Dependen exclusivamente de la cantidad y el peso de las unidades apiladas, pero también las dimensiones y formas pueden crear tensiones estáticas.
- **Tensiones dinámicas,** debidas a movimientos bruscos provocados por aceleraciones, frenadas y sacudidas en el momento de la carga o elevación, o bien a vibraciones regulares a lo largo del viaje.

En el transporte marítimo deben considerarse, además, distintos riesgos añadidos, variables en función de las dimensiones, formas, situación del centro de gravedad y línea de flotación:

- Rotación del buque alrededor de sus ejes verticales (guiñadas, en el argot marítimo) debida a impulsos y movimientos del mar impulsados por circunstancias meteorológicas.

Además de la necesidad del uso de vehículos especiales, las mercancías voluminosas requieren grandes medidas de seguridad en todo el proceso, desde el uso de maquinaria especial para su manipulación, carga o estiba a la protección especializada, todo ello para garantizar su llegada a destino sin incidentes y en las condiciones óptimas requeridas.

El transporte terrestre de mercancías voluminosas se realiza en plataformas, semirremolques o tráileres por empresas especializadas y que disponen del equipamiento necesario de acuerdo con las dimensiones máximas autorizadas, normalmente por carreteras fuera de autopistas y para distancias relativamente cortas.

Actividad propuesta 5.17

Material: Vídeo https://youtube.com/watch?v=owMB_sTvzuU

Contexto: Transporte por carretera de mercancías voluminosas.

Cuestiones:

a) Toma nota por escrito de todas las dimensiones y distancias que pueden sobrepasarse o no según las normas de la Jefatura Central de Tráfico que se citan en el vídeo.

b) Confecciona un esquema gráfico que muestre en síntesis todos los condicionantes para el transporte de mercancías voluminosas en cuanto a los excesos y limitaciones, a partir de los datos del vídeo.

«¿Cuánto puede sobresalir la carga de un vehículo de mercancías?»

Para largas distancias terrestres se emplea el ferrocarril, aunque en este caso se presenta la limitación a las dimensiones del vagón o plataforma ferroviaria disponible.

El transporte por vía marítima es el medio elegido cuando no existe posibilidad de transporte por vía terrestre debido a las grandes dimensiones de la mercancía, o bien porque se trata de un envío entre distintos continentes. Para esta opción de transporte son necesarios contenedores de gran capacidad o descubiertos. Cuando la carga es extraordinariamente sobredimensionada (carga NCL, *Non Containered Load*) y no es posible su protección en ninguna clase de contenedor, la estiba se realiza directamente en la bodega del buque o bien directamente en la cubierta. Las compañías navieras más importantes disponen de buques preparados para aceptar mercancías que no caben en los contenedores convencionales.

Figura 5.15. Cargas de volumen excepcional. Son transportadas a través de medios especiales bajo una señalización concreta. *Fuente:* Transporting.

El transporte aéreo internacional de mercancías voluminosas y pesadas no es la primera opción, dado su elevado coste. No obstante, es posible su utilización para resolver entregas urgentes, ocasiones en que se emplean aviones cargueros como el Antonov 225, el Boeing B747 o el Airbus A300, construidos especialmente con este objetivo. La estructura de estos aparatos permite el acceso a la cabina de carga mediante una puerta especial que puede alcanzar los 17 metros, en el caso del Airbus A300.

Figura 5.16. Ninguna nave puede transportar cargas tan grandes y voluminosas como el A300 Beluga. Tiene un compartimento de carga que mide 7,4 m de diámetro y 37,7 m de largo. Es capaz de soportar hasta 47 toneladas de carga.

5.7.2. Transporte de mercancías peligrosas y residuos

Por mercancías peligrosas debe entenderse, a efectos de la ley, aquellas materias y objetos cuyo transporte por carretera está prohibido o autorizado exclusivamente por las condiciones establecidas en el ADR o en otras disposiciones específicas. Son mercancías consideradas peligrosas a efectos de su transporte los explosivos, los líquidos inflamables, los corrosivos, el material radiactivo, las sustancias tóxicas, etcétera.

De acuerdo con la ley:

- Las empresas dedicadas al transporte adoptarán las medidas precisas para que los vehículos cumplan las condiciones reglamentarias.
- Los conductores deben ser informados sobre las características especiales de los vehículos y deben tener la formación exigida en la normativa.
- Para el transporte de mercancías peligrosas **se exige una autorización** administrativa especial que habilite para ello.
- Las autoridades autonómicas y locales pueden fijar restricciones adicionales a los vehículos que transporten mercancías peligrosas.

Recuerda

ADR (*Accord Européen relatif au Transport International*) es el Acuerdo europeo sobre el transporte internacional de mercancías peligrosas por carretera, firmado en Ginebra en 1957, y sus actualizaciones posteriores.

- **Unidades frigoríficas:** son unidades isotermas equipadas con un dispositivo que les permite mantener la temperatura estable entre −12° y −20°.
- **Unidades caloríficas:** son unidades isotermas provistas de un sistema que les permite mantener una temperatura no inferior a los 12°.

Todos los vehículos especiales construidos en España puestos en servicio deben corresponder a tipos certificados de acuerdo con la normativa recogida en el Real Decreto 237/2000. Aquellos vehículos fabricados o comercializados en la Unión Europea pueden también acogerse a la certificación, siempre y cuando acrediten documentalmente el nivel de precisión y seguridad previsto en el Real Decreto.

Los prototipos de los vehículos especiales se someten a una prueba de control en una estación oficial de ensayos (túnel de frío) autorizada por el Ministerio de Industria y Energía. Este proceso, tras superar una inspección, certifica la conformidad por un período de seis años.

Tras el período inicial de seis años, esta clase de vehículos deben someterse a inspecciones periódicas cada tres años, realizadas por estaciones de inspección técnica de vehículos (ITV). Si la inspección es favorable, el fabricante debe instalar una placa especial con las características establecidas normativamente.

Cuando se produce una circunstancia que supone una modificación del vehículo, este debe someterse a una inspección excepcional para obtener la placa de conformidad. Son modificaciones que exigen una inspección excepcional aquellas que impliquen la reposición o sustitución de más de un metro cuadrado de superficie exterior del área isoterma, la sustitución del dispositivo regulador de la temperatura o un cambio en la categoría del vehículo.

Figura 5.18. Toma de temperatura en las cajas de mercancías con productos perecederos, para asegurar la cadena de frío.

En cuanto al transporte internacional de mercancías perecederas para grandes recorridos, el transporte terrestre no es el adecuado debido a la necesidad de acortar el tiempo al mínimo posible. El transporte aéreo ofrece una opción fácil y rápida, generalmente las entregas se realizan en menos de 48 horas. Las importaciones de frutas tropicales procedentes de América Latina y las exportaciones de frutas mediterráneas frescas a los países nórdicos se realizan por vía aérea.

El transporte de mercancías perecederas por vía marítima se realiza mediante contenedores especiales con temperatura controlada, gracias a los cuales es posible transportar productos congelados o de larga caducidad a grandes distancias. En algunas clases de productos, especialmente las frutas, se establece un sistema de control sobre la maduración de acuerdo con las condiciones temporales del transporte, de forma que el fruto llegue a los mercados en su punto de maduración más adecuado para su consumo.

Actividad propuesta 5.19

Material: Acceso a internet. Vídeo https://youtube.com/watch?v=N1XPs7GlgG8

Contexto: Transporte frigorífico.

«Grupo Llácer y Navarro – Especialistas en transporte frigorífico»

Cuestiones:

a) ¿Cuál es el objetivo primordial que se plantea esta empresa?
b) ¿Qué es la instalación multitemperatura? Describe en dos o tres líneas la función, las capacidades y el rendimiento del sistema.
c) ¿Qué elementos clave del vídeo crees que son más destacables y consideras mejor valorados?

Actividad propuesta 5.20

Material: Herramientas Office, acceso a internet.
Normativa www.boe.es/boe/dias/2004/10/04/pdfs/A33256-33257.pdf

Contexto: Normativa reguladora del transporte de productos perecederos.

«Regulación del transporte de productos perecederos»

Cuestiones:

a) Consulta cuál es la temperatura máxima permitida en el transporte de los siguientes productos alimentarios: leche cruda, carnes rojas y caza mayor, productos lácteos frescos, verduras crudas, aves y conejos, despojos rojos, carne picada y pescados y mariscos.

b) Establece un listado con los productos anteriores clasificados de menor a mayor tolerancia a la temperatura media exterior.

c) Un vehículo especializado debe transportar conjuntamente verduras y carne de pollo. ¿A qué temperatura máxima deberá programarse el servicio?

d) Elabora una tabla en Excel, en la que se muestre la regulación del transporte de los productos perecederos en cuanto a las temperaturas establecidas para cada tipo de alimento.

5.7.4. Transporte de animales vivos

El transporte de animales vivos está ampliamente regulado por ley, en cuanto existen unos requisitos generales relativos al bienestar animal y a su seguridad en el transporte. La directiva europea aclara, en primer lugar, que «nadie podrá transportar o hacer transportar animales de una forma que pueda causarles lesiones o sufrimiento».

En este sentido, el transporte debe realizarse en las siguientes condiciones generales:

- Se reducirá al mínimo la duración del viaje.
- Los animales estarán en perfectas condiciones previas.
- El medio de transporte debe estar concebido y construido para evitar lesiones o sufrimiento a los animales.
- Las instalaciones de carga y descarga serán las adecuadas en el mismo sentido.
- El personal deberá estar especialmente formado y realizará su función sin recurrir a la violencia.
- Las condiciones de bienestar de los animales se comprobarán regularmente.
- El espacio y la altura disponibles tendrá en cuenta el tamaño de los animales.
- Se ofrecerá agua y alimento adecuado a cada especie y tamaño.

Actividad propuesta 5.21

Material: Noticia
www.europapress.es/cantabria/noticia-investigan-hombre-transportar-camion-8000-gallinas-estado-deplorable-20180606135236.html

Contexto: Contingencias en el transporte de animales vivos.

Cuestiones: A partir del análisis de la noticia señalada como material de trabajo, averigua:

a) ¿Qué es el SEPRONA, de quién depende y qué misión tiene?

b) ¿Qué acciones realizaron los agentes de SEPRONA?

c) ¿Dónde fueron llevados los animales afectados?

d) ¿Qué sanciones podrían haber recaído sobre el transportista?

«Transporte inadecuado de animales»

5.29. La carta de porte o documento de control de transporte sigue el modelo:

a) Oficial de la Unión Europea.
b) Oficial nacional.
c) Oficial autonómico.
d) No existe un modelo oficial.

5.30. La carta de porte de validez internacional sigue el modelo:

a) Oficial de la Unión Europea ADR.
b) Oficial nacional.
c) Oficial autonómico.
d) No existe un modelo oficial.

5.31. ¿Cómo se conoce internacionalmente la carga sobredimensionada?

a) Carga NCT.
b) Carga NCL.
c) Carga NLC.
d) Carga NTC.

5.32. ¿Es posible la homologación de un vehículo por partes?

a) Sí, es la homologación de tipo CE.
b) Sí, la homologación tipo individual lo permite.
c) Sí, se denomina homologación multifásica.
d) No, no es posible en ningún caso.

5.33. ¿Qué vehículos son capaces de transportar mercancías a −15°?

a) Los frigoríficos.
b) Los refrigerantes.
c) Los caloríficos.
d) Los isotermos.

5.34. Para el transporte de ganado por vía marítima:

a) Se necesita una autorización del tipo 1.
b) Se necesita una autorización del tipo 2.
c) Se necesita aprobación previa de la inspección.
d) No se necesita autorización especial.

De aplicación

5.35. Prepara un esquema gráfico en el que queden reflejados los cuatro elementos que configuran el funcionamiento del transporte desde el punto de vista teórico.

5.36. Accede a la información que proporciona la Agencia Tributaria acerca de las consecuencias para el transporte internacional de mercancías en cuanto se refiere al Reino Unido (Brexit), y sintetiza la información en aquellos aspectos más relevantes.

5.37. Visualiza el vídeo https://youtube.com/watch?v=Ld3tu-fBZtw referente a la carga de vehículos refrigerados, y:

a) Identifica los cuatro puntos concretos que aparecen señalizados.
b) Explica qué son y para qué sirven los amortiguadores mecánicos para cámaras de vehículos frigoríficos.

5.38. Visualiza el vídeo https://youtube.com/watch?v=RdzYntFuL48 que explica cómo debe realizarse la tarea de trincaje, y:

a) Una vez terminado el vídeo, explica en voz alta para el resto del aula qué detalles del proceso te han sorprendido y por qué razón. ¿Qué destacarías?
b) ¿Qué función tienen las anillas interiores del contenedor? Detalla ampliamente la respuesta.
c) ¿Qué tipo de mercancías son las más adecuadas para este tipo de trincaje? Plantea tres ejemplos.

5.39. Visualiza el vídeo https://youtube.com/watch?v=Uffs_JykTUI que explica la colocación de los contenedores dentro del buque, y:

a) Identifica dónde están y para qué sirven los sensores de barras de trincaje.
b) Identifica el origen del ruido de fondo que se produce en las bodegas de carga.
c) Relaciona todos los elementos de seguridad que pueden visualizarse o están explicados.
d) Busca en el diccionario las palabras *twistlock*, *stopper of a container*, cornamusa náutica, cabestrante.
e) Presenta por escrito los resultados obtenidos y coméntalos en el aula.

5.40. Un importador de juguetes en España desea importar el nuevo modelo del clásico cubo de Rubik, en dos de los nuevos diseños aparecidos, acabados en 6 cm y en 8 cm de lado, respectivamente. Desea saber qué cantidad debe encargar a Jiangmen, productor ubicado en GuangDong (China), para que el coste del envío sea el mejor posible, atendiendo únicamente a las medidas del cubo. Jiangmen ofrece un precio de 0,85 dólares y 1,12 dólares la unidad de cada medida.

a) ¿Qué tipo de paleta y contenedor serían los más adecuados para obtener un coste óptimo?

b) Caso de contemplar diversas opciones, ¿cuál sería el coste total de cada alternativa, en el supuesto de disponer de 80 000 euros de presupuesto?

5.41. Determina la sanción aplicable en cada una de las infracciones siguientes:

a) Conducir un vehículo de transporte cinco horas seguidas, sin haber realizado ninguna pausa.

b) Conducir durante cuatro horas y veinte minutos seguidos, habiendo realizado dos pausas de diez minutos cada una.

c) Conducir sin pausa alguna durante siete horas consecutivas.

d) Conducir durante 110 horas en dos semanas consecutivas.

e) Conducir en período de pandemia durante 12 horas en un solo día.

5.42. El cuadro siguiente contiene tres errores. Señala en qué consisten y cómo debería presentarse el cuadro correctamente.

Transporte de mercancías por carretera	
Servicio privado	**MDL:** transporte discrecional ligero, para vehículos de hasta 4500 kg de carga útil.
	MDP: transporte discrecional pesado, para vehículos a partir de 3500 kg de carga útil.
Servicio público	**MPC:** transporte privado complementario, para vehículos a partir de 3500 kg de MMA.

5.43. Sintetiza brevemente los requisitos necesarios para la obtención del permiso básico ADR, cómo y dónde solicitarlo y qué documentación aportar. De todo ello, prepara y presenta un esquema gráfico, imprímelo y adjúntalo al libro de texto como material de soporte.

5.44. Completa el modelo de documento de control administrativo propuesto en el libro con los propios datos personales, lugares de destino y mercancías reales, etc., con datos correspondientes a un supuesto transporte, preferentemente relacionado con la empresa donde realizas las prácticas.

5.45. Diseña tu propia carta de porte libremente y muéstrala en el aula para su aprobación.

5.46. Consulta el acuerdo ADR y comprueba la clasificación de las materias peligrosas a los efectos de un correcto embalaje para el transporte. ¿En cuántos grupos se clasifican las materias peligrosas?; ¿qué denominación recibe cada grupo?

5.47. Visualiza el vídeo https://youtube.com/watch?v=1K_-zTbFbX8 y toma nota de cuántas indicaciones se refieren a las normas aplicables a partir de 1 de julio de 2021.

«Certificado de conformidad. Transporte de mercancías perecederas»

5.48. Busca en internet una imagen de placa ATP de identificación de transporte de mercancías perecederas, si es necesario imprímela. Adjúntala al texto del libro.

Unidad 6

Introducción

Desde el momento en que un vehículo de transporte carga la mercancía objeto del servicio que va a llevar a cabo, hasta la descarga de conformidad en el punto de destino, pueden presentarse sucesos de distinta naturaleza que pueden llegar a interferir la operación y perjudicar, quizá gravemente, a los transportistas u otros agentes implicados. Es por lo que conviene tomar las medidas de control indispensables para prevenir cualquier tipo de incidencia o accidente.

CONTROL DE LAS OPERACIONES DE TRANSPORTE DE MERCANCÍAS

Contenidos

6.1. Métodos de control de operaciones de transporte por carretera. Tacógrafo
6.2. Contingencias en el tránsito de mercancías
6.3. Accidentes, averías e incidentes
6.4. Reclamaciones
6.5. Infracciones y sanciones en el transporte por carretera

Objetivos

- Seleccionar el método de control de tiempos de conducción y descanso, elaborando los informes correspondientes.
- Analizar las incidencias más comunes que pueden presentarse en la realización de un servicio de transporte teniendo en cuenta los distintos tipos de cargas.
- Aplicar la normativa y el procedimiento que se ha de seguir en el caso de accidentes en la realización de un servicio de transporte teniendo en cuenta los distintos tipos de cargas.
- Analizar las posibles reclamaciones derivadas de los contratos de transporte de mercancías, identificando aquellas que se resuelven ante las Juntas Arbitrales.
- Calcular las posibles sanciones correspondientes a infracciones derivadas del incumplimiento de la normativa en el desarrollo de una operación de transporte por carretera.

6.1. Métodos de control de operaciones de transporte por carretera. Tacógrafo

En toda la Comunidad Económica Europea (CEE) y a efectos de control de las operaciones de transporte de mercancías, los vehículos están obligados a llevar un **tacógrafo** cuando la masa máxima autorizada es superior a **3,5 toneladas,** incluido cualquier remolque.

Este dispositivo debe estar correctamente instalado, operativo y con las revisiones periódicas correspondientes aprobadas, salvo excepciones reguladas normativamente, como son los vehículos que no alcancen los 40 km/h, los destinados a fines médicos y otros casos excepcionales.

En junio de 2020, el Parlamento Europeo acordó que los vehículos comerciales ligeros entre 2,5 y 3,5 toneladas de masa máxima que realicen transporte internacional deben estar equipados asimismo de tacógrafo, si bien esta medida entrará en vigor a partir de junio de 2026.

El **tacógrafo** es el dispositivo tecnológico encargado de indicar y almacenar datos relativos a la marcha del vehículo y otras actuaciones del conductor. A partir del momento en que el conductor accede al vehículo, se convierte en un referente al que debe prestarse la atención debida. Por definición es el «aparato de control destinado a ser instalado en vehículos de carretera para visualizar, registrar, imprimir, almacenar y enviar automáticamente datos sobre la marcha, incluida la velocidad».

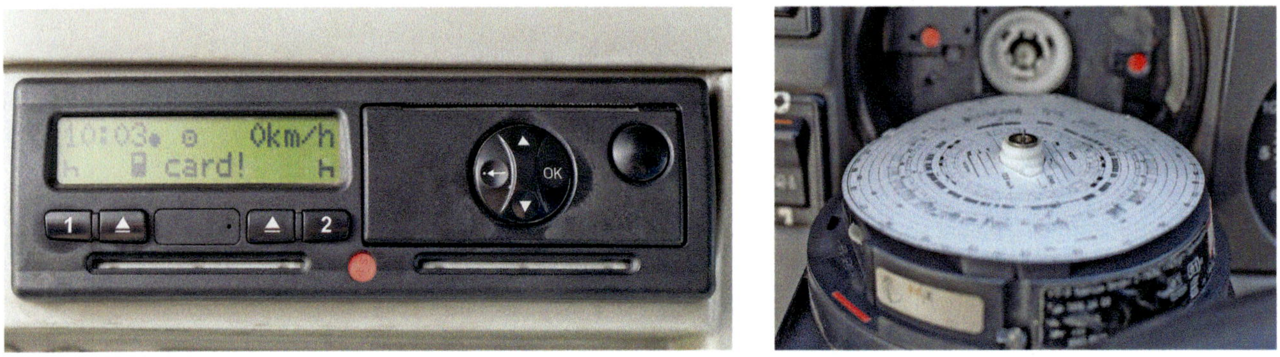

Figura 6.1. Tacógrafo digital y analógico respectivamente.

La función básica del tacógrafo es avisar a los conductores de la detección de **exceso de tiempo de conducción** continua permitido por la ley. La señal de advertencia tiene una duración mínima de 30 segundos y queda visible en pantalla hasta la confirmación mediante la tecla específica.

El dispositivo instalado puede consistir en una sola unidad o de varias repartidas por el vehículo, a condición de que cumplan con los requisitos de seguridad reglamentarios. Incluye una unidad de proceso, una memoria de datos, una función de medición de la hora, dos dispositivos de interfaz para dos conductores y otros complementos.

El tacógrafo muestra en pantalla los siguientes datos:

- La **hora local,** que es la usada normalmente en las actividades diarias, y que puede estar regulada por las autoridades con la finalidad de ahorro energético.
- La **hora UTC** o tiempo universal coordinado, que es la hora estándar de tiempo oficial que regula el tiempo en el mundo. Se calcula mediante una media ponderada de las señales emitidas por relojes atómicos ubicados en numerosos laboratorios especializados de todo el mundo.

El dispositivo registra la posición del vehículo en el lugar de inicio del período de trabajo, la posición cada tres horas de tiempo de conducción acumulado y el lugar de finalización del período de trabajo, todo ello en términos diarios.

El tacógrafo digital dispone de capacidad para comunicar datos al exterior del vehículo. El acceso a los datos comunicados por el tacógrafo al exterior está restringido a las autoridades del control reglamentario de infracciones (Reglamento CE n.° 561/2006) o en su caso, a los talleres autorizados para verificaciones técnicas.

Los vehículos más actuales disponen de **sistemas inteligentes** que permiten que los datos registrados en el tacógrafo se utilicen en modo operativo con el exterior, siempre que el interfaz no afecte a la autenticidad de los datos y que los datos personales y la geoposición sean transmitidos tras el consentimiento verificado del conductor.

El sistema se basa en el uso de un sensor, dispositivo que permite registrar la velocidad y la distancia recorrida por el vehículo, gracias a una señal encriptada que envía a la unidad central. El sensor se instala habitualmente en la caja de cambios y queda precintado para que no pueda ser manipulado.

A lo largo de los años y desde el punto de vista tecnológico, el uso y prestaciones del tacógrafo analógico han ido adaptándose constantemente a las nuevas tecnologías, evolucionando desde el simple sistema mecánico hasta los actuales sistemas inteligentes, tras etapas en que se usaban discos, en algún caso todavía vigentes.

Actividad propuesta 6.1

Material: *Smartphone*, herramientas Office.

Contexto: Práctica de uso del tacógrafo.

Cuestiones:

a) Descarga distintas aplicaciones para el móvil que facilite la simulación de un tacógrafo de entre las numerosas disponibles, por ejemplo Tachograph.

b) Traduce y toma nota en Word de todas las prestaciones e informes que facilita la aplicación. Añade un pequeño comentario de cada una de ellas acerca de su función.

c) Establece comparaciones entre las prestaciones de la aplicación Tachograph y otras *app* consultadas, y clasifica ordenadamente los elementos comunes a todas ellas y aquellos que tengan un carácter específico.

Actividad propuesta 6.2

Material: Acceso a internet.

Contexto: Evolución histórica del tacógrafo.

Cuestiones:

a) Consulta webs dedicadas a antigüedades tecnológicas, por ejemplo www.todocolección.net y comprueba cómo eran anteriormente los tacógrafos, qué prestaciones tenían y qué limitaciones presentaban.

b) Entrevista a un conductor de un vehículo equipado con un tacógrafo analógico o de discos y recoge su experiencia.

c) Presenta un informe completo acerca de la evolución tecnológica del tacógrafo.

6.2. Contingencias en el tránsito de mercancías

El transporte de mercancías por carretera está sujeto, sin duda alguna, a la posible presencia de incidencias de características y orígenes diversos que pueden suponer la pérdida total o parcial de las mercancías o bien retrasos importantes en la entrega y descarga. En la medida que estas incidencias suponen un coste que puede estar cubierto por los seguros, bien sea total o parcialmente, es necesario distinguir con la máxima precisión posible las responsabilidades de cada sujeto actor.

6.2.1. Responsabilidad del transportista

La legislación vigente (Ley 15/2009 del contrato de transporte terrestre de mercancías), **reconoce al transportista como responsable** de la pérdida total o parcial de las mercancías, así como de las averías que puedan sufrir, desde el momento de la recepción para el transporte hasta el de su entrega en destino.

Ejemplo: Si en un viaje con recorrido Bilbao-Valladolid, en el que según los documentos se transportan 100 cajas con material para la automoción y se descargan 99 sin que se presente ninguna justificación, el transportista es el que debe responder de la falta, de acuerdo con la legislación.

La responsabilidad del transportista alcanza asimismo a los daños producidos por **retraso** en la entrega, conforme a lo dispuesto en la ley. A estos efectos, se consideran también como mercancías sujetas a la responsabilidad del transportista los contenedores o bandejas de carga que hayan sido aportados por el cargador. Este sería el caso de un retraso en horas de la entrega de materiales educativos para exportar a Burkina Faso, el enlace aéreo del transporte multimodal retrasa a su vez la puesta en marcha del proyecto. El exportador basaba parte de sus ingresos en una subvención que, debida al retraso, puede perder o quedar penalizada.

El **porteador o empresa de transportes** responde de los actos y omisiones de los **conductores,** dependientes o no, a cuyos servicios haya recurrido para el cumplimiento del contrato.

No obstante, el transportista no es responsable de las pérdidas, averías o retrasos en los siguientes casos:

- Cuando son debidas a **instrucciones** recibidas del cargador o del destinatario no motivadas por acciones negligentes del transportista.

  Ejemplo: El destinatario de una partida de plantas y flores naturales para la decoración solicita al transportista una demora de una semana en la entrega debido a que no tiene terminadas las obras del muelle de descarga. El posible deterioro de las flores no podrá ser responsabilidad del transportista.

- Por **vicio** propio de las mercancías.

  Ejemplo: En la descarga de un transporte de frutas se descubre unos sacos que evidencian moho y podredumbre producida por el paso del tiempo. Puesto que el transporte ha cumplido con las fechas y horarios pactados, el transportista no es responsable de los daños de la mercancía.

- Por **circunstancias** que el porteador no pudo evitar y sus consecuencias no pudo impedir. Sería el siguiente caso: tras atravesar diversos túneles en Italia, camino de Roma, el vehículo que transportaba vinos de la Ribera del Duero queda atrapado debido a un derrumbamiento de tierras. Se trata de una circunstancia inevitable de la que el transportista no es responsable.

- Los defectos del propio vehículo empleado en el transporte no pueden ser en ningún caso motivo de exoneración de la responsabilidad del transportista.

Ejemplo: Una fuerte tormenta afecta notablemente las mercancías, cuya protección estaba compuesta únicamente por un toldo en condiciones precarias. El transportista debe asumir la responsabilidad que le corresponda.

A pesar de que la responsabilidad de la pérdida total o parcial de las mercancías es del transportista, la ley prevé diversas incidencias, casos y situaciones en que lo liberan de dicha responsabilidad, siempre y cuando su justificación resulte **verosímil.** En los siguientes casos, la ley prevé la exoneración de responsabilidad del transportista por pérdidas o averías cuando:

- Existe un acuerdo en el empleo de un **vehículo abierto** y no entoldado o bien es costumbre habitual en este tipo de servicio y mercancía el empleo de vehículos abiertos. En el ejemplo anterior, si es costumbre general en el mercado que aquel tipo de géneros viajen siempre descubiertos, los daños no pueden ser reclamados al transportista.
- El **embalaje** de las mercancías presenta deficiencias o no existe embalaje, de forma que quedan expuestas a pérdidas o daños.

  Ejemplo: Debido al deseo de cumplir con rapidez un encargo, un pequeño productor de pastelería y dulces artesanales cae en la negligencia de embalar solo ligeramente los productos. No es responsabilidad del transportista si sufren daños.

Figura 6.2. Un embalaje deficiente es el causante del 80 % de los daños en el transporte.

- La **manipulación,** carga, estiba, desestiba o descarga han sido realizadas respectivamente por el cargador o por el destinatario. Sería el caso de una carga de muebles artesanos, el fabricante insiste en que solo él sabe cómo debe colocarse la carga dentro de la plataforma o contenedor. Esa circunstancia exime al transportista del posible deterioro de los muebles transportados.
- Las mercancías están expuestas, por su **naturaleza,** a pérdidas debidas a roturas, moho, herrumbre, mermas, derrame, desecación o acción de insectos o roedores. Las pérdidas debidas

En cualquier caso, es práctica muy recomendable el acuerdo entre las partes contratantes de designar **una única persona** responsable para cada parte del proceso. De esta forma, se garantiza un interlocutor de referencia con capacidad de respuesta ágil y eficaz en caso de que se produzcan incidencias.

Figura 6.3. La **puntualidad** en una agencia de transportes debe ser una norma de calidad a cumplir de forma rigurosa. Circunstancias imponderables, como el mal tiempo, deben ser tratadas con antelación.

Acciones físicas con elementos en los que el peso, volumen y tipo de embalaje es determinante pueden acarrear en numerosas ocasiones una posible disminución de la **seguridad** basada en la estabilidad y el equilibrio de la carga, y suponen siempre un riesgo de accidentes debidos a errores humanos o mecánicos. Debido al elevado riesgo que suponen estas eventualidades de incidencias, roturas y vertidos, los litigios y controversias se presentan frecuentemente.

Actividad propuesta 6.5

Material: Sentencia Civil N.º 647/2019, Audiencia Provincial de Navarra, Sección 3, Rec 77/2018 de 20 de diciembre de 2019.

Contexto: Contingencias en la carga general.

Cuestiones: Analiza la sentencia:

a) ¿Cuál fue el motivo de la controversia?
b) ¿Cuál fue la causa del siniestro?
c) ¿Qué argumentos esgrimen cada una de las partes?
d) ¿A qué conclusiones llega el juez?

6.2.3. Contingencias en el tránsito de mercancías de dimensiones especiales

Las contingencias que pueden producirse eventualmente en el tránsito de mercancías, específicamente en lo que se relaciona con la dimensión y peso, se refieren al incumplimiento de las normas establecidas en cuanto pueden **ser objeto de sanción** y posiblemente llegar a la inmovilización del vehículo. La inmovilización, especialmente, revestiría consecuencias graves para el desarrollo del servicio en cumplimiento del contrato.

La normativa actual establece como norma general una **altura máxima** del vehículo de **4** metros. Esta altura normalizada presenta las siguientes excepciones, las cuales admiten alcanzar los **4,5** metros:

- Vehículos articulados o «trenes de carretera».
- Vehículos grúa.
- Vehículos de transporte de contenedores.

En relación con la **anchura máxima** permitida, esta está estipulada en **2,55** metros, con la excepción de los vehículos frigoríficos, en los que está permitida una anchura de hasta **2,60** metros.

En cuanto a la **longitud máxima** permitida a los vehículos de transporte, cualquiera que sea el número de ejes, está establecida en **12** metros. La misma longitud es aplicable a los remolques. La única excepción corresponde a los «trenes de carretera», cuya longitud está permitida hasta los **18,35** metros.

En todos los casos, la carga no debe comprometer la estabilidad del vehículo, obstaculizar el paso bajo puentes u otras infraestructuras o perjudicar las obras públicas.

La normativa comunitaria impide a los Estados miembros rechazar o impedir la circulación sobre su territorio en tráfico internacional a los vehículos matriculados y puestos en circulación en cualquiera de los Estados miembros, en aquello que se refiere a los excesos en pesos y dimensiones establecidos en la Directiva de la CEE 85/3.

El incumplimiento de la normativa en cuanto al exceso de peso se clasifica en faltas leves, graves y muy graves, calculadas sobre el exceso de la masa máxima autorizada (MMA) o sobre la carga sobre ejes. En la Tabla 6.1 se explicitan las posibles sanciones por exceso de peso en el transporte público y privado.

En el supuesto de que las mercancías a transportar por sus características inamovibles obliguen al transportista a superar los límites en altura, anchura o peso, es imprescindible la solicitud de una **autorización especial** para circular por carretera, a fin de garantizar la seguridad del proceso. Esta autorización especial se complementa con la coordinación con los **agentes de tráfico** y la agencia transportista, a fin de realizar el servicio sin incidentes.

Tabla 6.1. Sanciones por exceso de pesos máximos autorizados

Pesos máximos: exceso de peso. Sanciones

Excesos de peso (transporte público y privado)

Hechos sancionables:

El exceso sobre la masa máxima autorizada de los vehículos o sobre ejes en los porcentajes siguientes:

Faltas muy graves (sanciones desde 2001 a 4000 €)

Sobre MMA	Exceso total	Sobre ejes	Exceso total
> de 12 Tm	≥ 20 %	> de 12 Tm	≥ 40 %
≤ 12 Tm	≥ 25 %	≤ 12 Tm	≥ 50 %

El exceso sobre la masa máxima autorizada de los vehículos o de alguno de sus ejes en los porcentajes siguientes:

Faltas graves (sanciones desde 801 a 1000 €)

Sobre MMA	Exceso total	Sobre ejes	Exceso total
> de 12 Tm	≥ 10 %	> de 12 Tm	≥ 25 %
≤ 12 Tm	≥ 15 %	≤ 12 Tm	≥ 30 %

Faltas leves (sanciones desde 301 a 400 €)

Sobre MMA	Exceso total	Sobre ejes	Exceso total
> de 12 Tm	> 2,5 %	> de 12 Tm	> 15 %
≥ 12 Tm	> 5 %	≤ 12 Tm	> 20 %

Nota: cuando esta infracción sea detectada durante su comisión en carretera deberá ordenarse la inmediata inmovilización del vehículo hasta que se supriman los motivos de la infracción.

Ejemplo: Las vigas de hormigón necesarias para la construcción de edificios de gran altura o la construcción de grandes estructuras viarias sobrepasan ampliamente las dimensiones permitidas, por lo que su transporte está sujeto a la necesidad de autorización especial y acompañamiento de agentes motorizados.

Existen tres clases de autorizaciones relativas al tránsito de mercancías de dimensiones especiales:

- **Autorización genérica.** Otorga permiso para circular a vehículos que no superen los 20,55 metros de longitud, 4,5 metros de altura y 3 metros de ancho.
- **Autorización específica.** Otorga permiso para circular a vehículos de la misma anchura y altura que para la autorización genérica, pero con una longitud de hasta 24,5 metros y una carga de hasta 100 toneladas.
- **Autorización excepcional.** Añade a las demás autorizaciones la posibilidad de aumentar la anchura del vehículo hasta 5 metros.

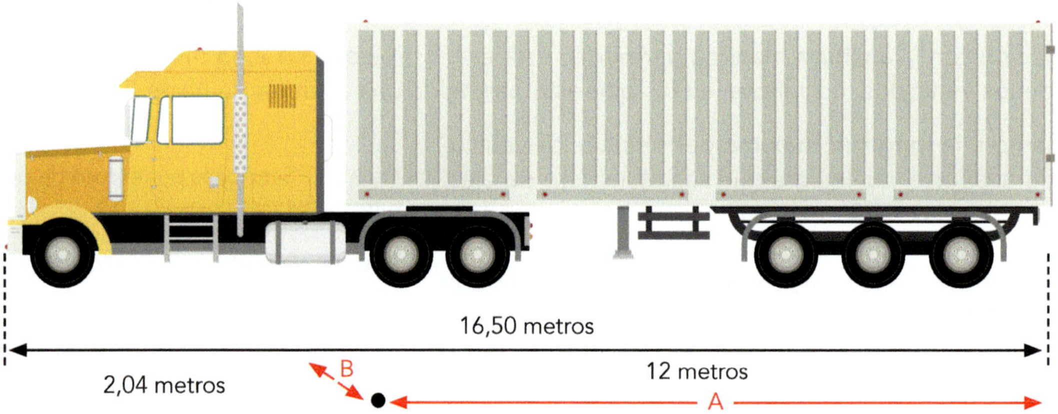

Figura 6.4. Longitud máxima autorizada para vehículos articulados, tráiler, 16,50 metros.

Actividad propuesta 6.6

Material: Acceso a internet. Vídeos de YouTube.

Contexto: Contingencias en el tránsito de mercancías de dimensiones especiales.

Cuestiones:

a) Selecciona vídeos de transporte especial centrados en turbinas eólicas.

b) Toma nota de todos los detalles relativos a la seguridad de las maniobras.

c) Comprueba referencias a las autorizaciones necesarias.

6.2.4. Contingencias en el tránsito de mercancías peligrosas

La actuación para llevar a cabo en caso de accidente con mercancías peligrosas viene determinada por su misma naturaleza. Por su parte, en la mayoría de casos, en el momento de producirse el accidente el fabricante de las mercancías se encuentra lejos del lugar y su aportación en ese momento no es posible. Ambos factores son determinantes en las actuaciones que deben seguirse.

El conductor, aun no siendo experto, debe conocer las características básicas de las mercancías que transporta. Ante una posible contingencia, el conductor debe saber cómo actuar ante el peligro provocado y seguir un protocolo estricto de actuación, en el que el primer paso debe ser llamar al número público de emergencias (112), número de carácter internacional disponible en toda la Unión Europea y en algunos países de Latinoamérica, donde informará inmediatamente del suceso. La siguiente medida a tomar es la señalización de la calzada con los dispositivos reglamentarios, alertando así a otros conductores del peligro producido. Si el incidente consiste en una fuga, en ningún caso intentará contenerla, como tampoco intentará limpiar o recoger lo derramado.

En previsión de posibles incidentes, el protocolo de carga debe incluir necesariamente documentación justificativa de:

- Tipología de las materias transportadas. Son materias peligrosas entre otras, las muestras de explosivos, los gases comprimidos, lo destilados del petróleo, los plaguicidas y los desechos médicos.
- Clase y número ONU. La Organización de las Naciones Unidas tiene establecida una codificación (números ONU, o también UNO, en inglés UN) para elementos químicos y sustancias que pueden ser peligrosos. Se trata de una codificación alfanumérica, formada por las letras UN y cuatro dígitos, asignada por el Comité de Expertos en el transporte de mercancías peligrosas de la ONU y publicada en el denominado *Libro Naranja* (Recomendaciones en el Transporte de Mercancías Peligrosas).

La codificación de las mercancías peligrosas está formada por un número de identificación de la materia, un número de identificación de peligro, una etiqueta y una clase, en la que se especifica número de clase, apartado y letra de la enumeración:

Tabla 6.2. Codificación de las mercancías peligrosas

N.º de identificación de la materia	Nombre de la materia	N.º de identificación del peligro	Etiquetas	Clase, apartado y letra de la numeración
1049	Hidrógeno comprimido	23	3	2, 1.º F
1053	Sulfuro de hidrógeno	263	6.1 + 3	2, 2.º TF
1055	Isobutileno	23	3	2, 2.º F
1002	Aire comprimido	20	2	2, 1.ª A

- Naturaleza de la peligrosidad de las mercancías. Son ejemplos de la naturaleza de la peligrosidad de las mercancías la intoxicación por inhalación, las quemaduras, los envenenamientos, etcétera.
- Medidas a adoptar por el conductor y el ayudante. Son medidas mínimas a seguir en caso de siniestro, el aviso inmediato al teléfono 112 y la advertencia del peligro provocado a otros usuarios de carretera.
- Equipos de protección que deben ser usados En el transporte de mercancías peligrosas, es normativa la disposición de un *kit* o equipo de protección completo, tal como debe constar en el documento ADR. Un equipo de protección debe incluir lavaojos para posibles salpicaduras, guantes especiales, botas, gafas y mascarillas.

En caso de accidente en el transporte de mercancías peligrosas, el protocolo mínimo a seguir debe ser el siguiente, en el orden que se cita:

1. Comunicar el suceso inmediatamente al número 112 de emergencias.
2. Valorar en lo posible el calibre que haya podido alcanzar el accidente.
3. Señalizar la calzada correctamente, a fin de prevenir a los otros vehículos.
4. Alejarse del vehículo en caso de que exista riesgo de explosión o fugas.

En ningún caso se debe:

- Intentar contener las fugas que puedan haberse producido.
- Recoger de la calzada cualquiera que sea la mercancía derramada.

Figura 6.5. Pictogramas para señalizar el transporte de mercancías peligrosas.

Actividad propuesta 6.7

Material: Acceso a internet.

Contexto: Accidente en el transporte de mercancías peligrosas acaecido en Freetown (Sierra Leona), en 2021.

Cuestiones:

a) Busca información sobre la tragedia citada en diversos medios digitales y contrasta los datos obtenidos hasta alcanzar una información sólida y fiable.

b) ¿Qué mercancía considerada peligrosa fue la causante de la tragedia? Identifica una o varias referencias de esta mercancía en el anexo al Acuerdo ADR y anota el número de identificación, número de identificación del peligro, etiquetas, clase, apartado y letra de la numeración.

c) ¿Actuaron correctamente los conductores de los vehículos? Describe su actuación y comenta si se corresponde o no a las directrices de actuación europeas para estos casos.

6.2.5. Contingencias en el tránsito de animales vivos

En relación con las posibles contingencias que puedan presentarse en el transporte de **animales vivos,** cabe distinguir diversos escenarios, en los que se deberá actuar adecuadamente en cada uno de ellos:

- Inmovilización del vehículo debido a causas ajenas. A lo largo de la prestación del servicio de transporte, es relativamente habitual la aparición de situaciones o eventualidades producidas por causas ajenas, que obligan al vehículo a permanecer inmovilizado con el consiguiente posible perjuicio para los animales vivos que se transportan.

Son posibles causas de inmovilización del vehículo debido a factores ajenos, las generadas por huelgas y manifestaciones de carácter político-social, las producidas por derrumbamientos de rocas y las grandes inundaciones.

En estas situaciones, es necesario tomar unas medidas mínimas de protección de la carga, de distinta naturaleza en función de las condiciones climatológicas del momento:

- Activar los elementos de ventilación máxima del vehículo.
- Aplicar duchas o mangueras de agua fresca a los animales, si es posible, y administrarla como bebida.
- Contactar inmediatamente con las Fuerzas y Cuerpos de Seguridad, a fin de solicitar absoluta prioridad en el paso o posibilitar una ruta alternativa.
- En tanto sea imprescindible un tiempo de espera, situar el vehículo a cubierto o a la sombra.

En el caso de temporales de nieve, que en poco tiempo lleguen a bloquear el paso, se valorará cerrar temporalmente las trampillas de ventilación y se contactará urgentemente con las Fuerzas y Cuerpos de Seguridad para informar de la situación.

En todos los casos, si es necesario se contactará con la autoridad veterinaria más próxima, por si procede modificar la documentación sanitaria.

- Inmovilización del vehículo por causas propias. Pueden darse dos situaciones que generen inmovilización del vehículo por causas propias:
  - Avería grave en el vehículo que impide su normal funcionamiento. En este caso se debe actuar de la misma forma que por otro tipo de inmovilización, siempre de acuerdo con las condiciones climáticas. Adicionalmente, se contactará con la agencia para realizar las operaciones necesarias de transbordo de los animales a un nuevo vehículo.
  - Enfermedad o indisposición súbita del conductor. Se contactará urgentemente con la agencia mediante el método tecnológico de comunicación más eficaz en el lugar y momento en que se produzca la contingencia, a fin de que se procure una sustitución inmediata.

En todas las situaciones, si es posible se contactará con otros conductores, la ayuda solidaria de los cuales constituye un principio ético para todo transportista.

Actividad propuesta 6.8

Material: Acceso a internet. Vídeo https://youtube.com/watch?v=867SpyYPuoc

Contexto: Tránsito de animales vivos.

Cuestiones:

a) Visualiza por completo el vídeo propuesto como material.

b) Confecciona una relación de las instalaciones, vehículos, dispositivos y elementos que se usan para este tipo de transporte.

c) Comenta las hipotéticas causas de inmovilización del transporte que puedan desprenderse del visionado.

«Cómo exportar millones de ovejas, cerdos, vacas»

Sabías que

Existen cursos que forman específicamente en el transporte de animales vivos. El objetivo es adquirir la base y buenas prácticas durante el traslado, incluida la carga, la descarga y la manipulación, de modo que se asegure un nivel de bienestar de los animales conforme regula la legislación vigente.

6.3. Accidentes, averías e incidentes

Todo agente implicado en la gestión logística ha de considerar, inevitablemente, la posibilidad de que se produzcan incidentes a lo largo de los servicios prestados que impidan su normal ejecución, básicamente accidentes de tránsito, averías en el vehículo o incidentes de otra índole.

6.3.1. Accidentes

A efectos legales, se entiende por accidente de circulación por carretera todo aquel en el que intervengan uno o más vehículos, automotores o no, y que esté ligado a la circulación por la vía pública, en un espacio abierto al público o en un espacio no público, pero abierto a un determinado número de personas con derecho de acceso al mismo.

En los accidentes que puedan acaecer en el transporte internacional de mercancías, hay que tener en cuenta en todo momento que **la ley aplicable será la ley interna** del Estado en cuyo territorio haya ocurrido el accidente, como criterio general.

No obstante, las siguientes excepciones a esta norma son trascendentales, en la medida que modifican sustancialmente el criterio anterior:

a) Cuando en el accidente interviene un solo vehículo, matriculado en un Estado distinto de aquel en cuyo territorio se produce el accidente, será aplicable la ley interna del Estado en que el vehículo esté matriculado.

b) En el supuesto de que estén implicados varios vehículos, lo dispuesto en el apartado a) solo será de aplicación si todos los vehículos están matriculados en el mismo Estado.

En cualquier caso, para determinar las responsabilidades se deberán tener en cuenta las normas sobre circulación y seguridad que estuviesen en vigor en el lugar y momento del accidente.

Figura 6.6. La siniestralidad de los vehículos pesados en tránsito representa uno de los mayores riesgos para los transportistas. Largas jornadas y el cumplimiento de los repartos son factores determinantes en la accidentalidad.

Tabla 6.3. Resumen de causas de siniestralidad en el transporte

32 %	Distracción	■ Fatiga ■ Sueño
18 %	Fallo técnico	■ Reventón rueda ■ Incendios frenos ■ Averías
1 %	Estupefacientes/alcohol	■ Positivo en drogas y alcohol
19 %	Conducción antirreglamentaria	■ Distancia de seguridad ■ Velocidad inadecuada
9 %	Fallo humano	■ Enfermedad, desvanecimiento ■ Otras
5 %	Disposición de la carga	■ Estiba inadecuada
3 %	Otras causas	■ Animal en calzada

Fuente: Ministerio de Transportes, Movilidad y Agenda Urbana.

6.3.2. Averías e incidentes

En el contexto del transporte, el concepto de **avería** se refiere a los daños que puede sufrir una mercancía durante el transporte.

El **transportista** es plenamente responsable de las averías que puedan producirse durante el servicio, desde el origen (carga) al destino (descarga). El comprador o importador no responde de los daños sufridos por las mercancías mientras se hayan generado durante el trayecto.

El transportista está obligado a indemnizar la pérdida de valor que las mercancías hayan sufrido, por la diferencia entre el valor de las mercancías en origen y llegada. El valor que haya que indemnizar se determina a la vista de las mercancías faltantes o deterioradas, salvo que la parte averiada dificulte el uso de la totalidad de la carga, en cuyo caso la responsabilidad puede alcanzar a la totalidad de la carga. En ningún caso la indemnización puede exceder de la debida en caso de pérdida total. De esta indemnización debe hacerse cargo la compañía de seguros que haya contratado el transportista, por lo que entonces conviene la comprobación por parte de un perito.

Cuando se detecta en la descarga que la mercancía no ha llegado en su totalidad en las condiciones en que fue cargada, el destinatario puede ejercer su derecho a formular una **reserva,** en la que puede explicar en qué consiste la avería o falta, la naturaleza y la cantidad. El documento de reserva, a pesar de sus limitaciones como prueba jurídica, es conveniente para el destinatario, puesto que si no fuera así se presumiría que las mercancías se entregaron en perfectas condiciones.

La reserva puede hacerse libremente en cuanto a formato, pero es habitual que sea anotada en la carta de porte del transportista, a poder ser electrónica (*eCMR*), para mayor seguridad. Es importante tener en cuenta que la reserva por sí misma no constituye prueba de que se haya producido una avería o pérdida en las mercancías transportadas, simplemente sitúa a las partes en igualdad de condiciones. En caso de litigio, se aplica el principio de «quien afirma debe probar», por lo que la declaración de reserva es insuficiente, es necesaria un acta de un perito independiente o alguna otra forma de demostrar la avería. La reserva es solo una muestra de disconformidad.

6.4. Reclamaciones

El Contrato de Transporte Internacional de Mercancías por Carretera (CMR), al que España está adscrito, prevé distintos escenarios relativos a reclamaciones a los servicios de transporte y especifica cómo actuar en cada caso.

6.4.1. Daños por pérdidas o desperfectos

Sabías que

Presumir, en términos jurídicos, es dar por hecho un acto.

En el supuesto de que el destinatario haya recibido sin verificar el estado en que se encontraba ni manifestar documentalmente ninguna objeción, queda presumido que ha recibido las mercancías en el estado descrito en la carta de porte. Existe un margen de siete días hábiles por si aparecen averías o pérdidas que hubiesen quedado ocultas, en el que persiste la posibilidad de reclamar.

Puede suceder que el estado de la mercancía a su llegada sea valorado contradictoriamente por el destinatario y el transportista; entonces, solo se realizará una prueba alternativa si se trata de pérdidas o averías no claras o evidentes y, en cualquier caso, si el destinatario ha expresado sus reservas por escrito al transportista en el plazo de siete días.

Para exigir una indemnización por retrasos en la entrega, es necesario extender también la reserva por escrito, en el plazo de veintiún días a contar desde la llegada de la mercancía.

En los plazos previstos para extender la reserva, no se incluye la fecha de entrega de las mercancías, o, según el caso, del aviso de la puesta a su disposición.

El convenio obliga a las partes, transportista y destinatario, a proporcionarse recíprocamente todo tipo de facilidades razonables para constatar y verificar las averías.

El demandante de litigios producidos por averías en el transporte puede escoger, si lo desea, la jurisdicción del país en el cual, independientemente de las nacionalidades de los litigantes:

- El demandado tiene su residencia habitual o agencia desde la que ha sido contratado.
- Está situado el lugar en el cual el transportista cargó la mercancía.

Las sentencias ejecutorias en el país donde se ha producido la pérdida lo son también en los países donde pertenecen el transportista y el destinatario, sin que pueda implicar revisión de la causa.

Las acciones de reclamación de daños y averías prescriben transcurrido un año. En caso de dolo, la prescripción se produce al cabo de tres años.

Para determinar el plazo de prescripción, se siguen las siguientes reglas:

- En el caso de pérdida parcial, avería o mora, se considera a partir del día en que se entregó la mercancía.
- En el caso de pérdida total, a partir de treinta días después de que expire el plazo convenido.
- En todos los demás casos.

Figura 6.8. Los daños que pueden llegar a producirse en el traslado de mercancías se regulan en la Ley 15/2009 del contrato de transporte terrestre. El plazo para reclamar en daños visibles se abre desde el momento de la recepción, y en los daños no visibles u ocultos este plazo es de siete días tras la recepción.

Actividad propuesta 6.11

Material: Sentencia del TS 399/2015, de 10 de julio de 2015.

Contexto: Robos de mercancías, responsabilidad del conductor.

Cuestiones:

a) Explica con tus propias palabras el contenido de la sentencia: quién es el demandante, quién la parte demandada, el motivo de la disputa, etcétera.
b) Comenta el sentido de «dolo» aplicable a este caso.
c) ¿Qué medidas de protección de las mercancías tomó el transportista?
d) ¿Qué convenio internacional es aplicable? ¿Qué artículos?
e) ¿Cuáles son las conclusiones del Tribunal Supremo?

Vocabulario

Causa. En términos jurídicos, causa es el litigio que se está analizando o juzgando el proceso.

Dolo. Consiste en cometer un delito de manera consciente, con intención y con conocimiento de las consecuencias que puede traer.

6.4.2. Resolución de conflictos. Juntas Arbitrales

Las personas naturales o jurídicas pueden someter, previo convenio, a la decisión de uno o varios árbitros las cuestiones litigiosas, surgidas o que puedan surgir en materia de transporte de mercancías, mediante el **arbitraje.**

El sistema arbitral de transportes es una modalidad de arbitraje entre usuarios y transportistas prestadores de un servicio valorado en menos de **15 000 euros,** o de un importe superior si así se ha pactado anteriormente en contrato. La Juntas Arbitrales de Transporte sustituyen con ventaja a los Tribunales ordinarios, ofrecen mayor agilidad y rapidez de respuesta, lo que repercute en menores costes.

Las Juntas Arbitrales del Transporte están creadas en todas las comunidades autónomas, con las competencias para resolver todos los conflictos o reclamaciones derivados de servicios de transporte y actividades logísticas auxiliares.

Las competencias de las Juntas Arbitrales alcanzan tanto los transportes internacionales como los internos o los intermodales cuando existe una parte de transporte terrestre (ferrocarril-avión, carretera-buque, etc.). Para acudir a una Junta Arbitral, no es necesaria la asistencia de un abogado ni la actuación de un procurador.

Figura 6.9. El Gobierno aprobó el Decreto-Ley 26/2020, que recoge medidas para reactivar la economía y hacer frente al impacto del COVID-19 en los ámbitos de transporte y vivienda. El Decreto incluye, entre otras cosas, la habilitación a los presidentes de las Juntas Arbitrales para modificar el procedimiento arbitral y prescindir de la vista oral siempre y cuando la cuantía de la reclamación no exceda de 5000 euros.

El procedimiento es muy simple, y se reduce a la presentación de un escrito de reclamación ante la Junta Arbitral del lugar de origen o de destino de las mercancías transportadas, o bien de donde se hubiera celebrado el contrato. La parte reclamante comparecerá más tarde ante la Junta, pudiendo otorgar su representación a otra persona.

La Junta Arbitral, escuchadas las partes, emite un laudo, que consiste en un acuerdo que viene a sustituir las sentencias de la justicia ordinaria, produciendo los mismos efectos.

Además de laudos, es misión de las Juntas Arbitrales:

- Informar sobre las condiciones establecidas en los contratos de transporte y cómo interpretar sus cláusulas.

Mapa conceptual

CONTROL DE LAS OPERACIONES DE TRANSPORTE DE MERCANCÍAS

- **Métodos de control de operaciones de transporte por carretera**
  - **Tacógrafo**
    - En toda la Comunidad Económica Europea (CEE) los vehículos están obligados a llevar un tacógrafo cuando la masa máxima autorizada es superior a 3,5 toneladas, incluido cualquier remolque
    - Dispositivo tecnológico encargado de indicar y almacenar datos relativos a la marcha del vehículo y otras actuaciones del conductor
- **Contingencias en el tránsito de mercancías**
  - **Responsabilidad del transportista**
    - La ley reconoce al transportista como responsable de la pérdida total o parcial de las mercancías, así como de las averías que puedan sufrir, desde que inicia el recorrido hasta su entrega en destino
    - No es responsable en los casos:
      - Cuando se debe a instrucciones derivadas del cargador o destinatario
      - Vicio de las mercancías
      - Por circunstancias inevitables
    - Tampoco es responsabilidad del transportista:
      - Llevar el vehículo abierto y sin toldo
      - Deficiente embalaje de las mercancías
      - Manipulación, si la carga y descarga la realiza el cargador o el destinatario
  - **Contingencias en la carga general**
    - Carga y descarga
    - Retrasos
    - Suministradores que no disponen de las mercancía a tiempo
    - Modificación de horarios en el último momento
  - **Contigencias en mercancías de dimensiones especiales**
  - **Contingencias en el tránsito de mercancías peligrosas**
  - **Contigencias en el tránsito de animales vivos**

CONTROL DE LAS OPERACIONES DE TRANSPORTE DE MERCANCÍAS

- Accidentes, averías e incidentes
- Reclamaciones
  - Por daños, pérdidas o desperfectos
  - Resolución de conflictos, juntas arbitrales
    - Las personas naturales o jurídicas se pueden someter en materia de transporte de mercancías al arbitraje
    - Las Juntas Arbitrales del Transporte están creadas en todas las comunidades autónomas para resolver todos los conflictos o reclamaciones derivados de servicios de transporte
- Infracciones y sanciones en el transporte por carretera
  - Muy graves — Desde 2001 hasta 6000 euros
  - Graves — Desde 401 hasta 2000 euros
  - Leves — Desde 200 hasta 400 euros

Actividades finales

De comprobación

6.1. ¿A partir de qué masa máxima autorizada es obligatorio el tacógrafo?

a) A partir de 2,5 toneladas.
b) A partir de 3 toneladas.
c) A partir de 3,5 toneladas.
d) A partir de 4 toneladas.

6.2. La función básica del tacógrafo es la de:

a) Controlar la velocidad del vehículo.
b) Detectar excesos de tiempo de conducción.
c) Identificar errores métricos.
d) Ser usado como consulta de datos.

6.3. ¿Quién puede acceder desde el exterior a los datos del tacógrafo?

a) La autoridad de control.
b) Los talleres especializados.
c) Ambos.
d) Nadie.

6.4. ¿Quién es el responsable de las mercancías durante su transporte?

a) La empresa que las envía.
b) La empresa que las recibe.
c) La empresa que las transporta.
d) La compañía que las asegura.

6.5. Para eximir de la responsabilidad, la justificación debe ser:

a) Verosímil.
b) Documentada.
c) Justificada.
d) Legalizada.

6.6. El punto crítico de la ineficiencia en el proceso de carga es:

a) La falta de seguridad.
b) La necesidad de rapidez.
c) La habilidad imprescindible.
d) Los espacios de tiempos muertos.

6.7. La anchura máxima permitida es de:

a) 2,50 metros.
b) 2,55 metros.
c) 2,60 metros.
d) 2,65 metros.

6.8. ¿Qué altura máxima está permitida en un vehículo de transporte normal?

a) 3 metros.
b) 3,50 metros.
c) 4 metros.
d) 4,50 metros.

6.9. La altura máxima del transporte de contenedores puede alcanzar:

a) 3 metros.
b) 3,50 metros.
c) 4 metros.
d) 4,50 metros.

6.10. ¿Cuál es la longitud máxima que puede tener un vehículo de transporte?

a) 10 metros.
b) 11 metros.
c) 12 metros.
d) 13 metros.

6.11. ¿Cuánto puede alcanzar una sanción por exceso de peso?

a) Hasta 2000 euros.
b) Hasta 3000 euros.
c) Hasta 4000 euros.
d) Hasta 5000 euros.

6.12. ¿Qué medidas establece una autorización genérica para el transporte?

a) 20,55 × 4,5 × 3.
b) 20,45 × 4 × 3,5.
c) 20,55 × 4 × 3.
d) 20,50 × 4,5 × 3.

6.13. En caso de siniestro en el transporte de mercancías peligrosas, el primer paso es:

a) La colocación del material de protección.
b) El aviso a la compañía de seguros.
c) El informe a la empresa suministradora.
d) La llamada al 112.

6.14. En caso de siniestro en el transporte de animales vivos, no hay que:

a) Aplicar duchas o mangueras a los animales.
b) Situar el vehículo fuera de la vía.
c) Mantener el vehículo cerrado.
d) Contactar con las Fuerzas y Cuerpos de Seguridad.

6.15. Un vehículo matriculado en España vuelca su carga por accidente en Holanda y:

a) Se aplica la ley holandesa.
b) Se aplica la ley española
c) Se aplica la ley común de la UE.
d) No existen disposiciones al respecto.

6.16. Dos vehículos matriculados en España chocan entre sí en Holanda y:

a) Se aplica la ley holandesa.
b) Se aplica la ley española.
c) Se aplica la ley común de la UE.
d) No existen disposiciones al respecto.

6.17. En caso de pérdida de valor de las mercancías durante su transporte:

a) Es responsable el transportista.
b) Es responsable el cargador.
c) Es responsable el Consorcio de Seguros.
d) Es responsable el asegurador.

6.18. Después de una avería o accidente, ¿qué es la reserva?

a) Una cantidad de dinero que debe prevenirse.
b) Un cálculo del valor de la mercancía perdida.
c) Una garantía que ofrece el transportista.
d) Una anotación en el CMR reflejando lo sucedido y su valor.

6.19. En caso de robo de mercancías, el primer paso es:

a) Reclamar la indemnización a la compañía.
b) Contactar con el comisario o agente de seguros.
c) Presentar una denuncia a las autoridades.
d) Dar parte del siniestro a la compañía.

6.20. Los procedimientos para las reclamaciones están contenidos en:

a) El Contrato CMR.
b) El Acuerdo CRM.
c) El Reglamento CMM.
d) La Normativa RMC.

6.21. Para exigir una indemnización por retraso en la entrega hay un plazo de:

a) Quince días.
b) Veintiún días.
c) Treinta días.
d) Sesenta días.

6.22. El Sistema Arbitral del transporte se aplica a valores:

a) Menores de 10 000 euros.
b) Menores de 12 000 euros.
c) Menores de 15 000 euros.
d) Menores de 18 000 euros.

6.23. La manipulación del tacógrafo se considera:

a) Falta leve.
b) Falta grave.
c) Falta muy grave.
d) Falta inexistente.

6.24. Las faltas leves están sancionadas con multas de:

a) Hasta 200 euros.
b) De 200 a 400 euros.
c) De 401 a 600 euros.
d) De 601 a 1000 euros.

6.25. El funcionamiento inadecuado del tacógrafo se considera:

a) Falta leve.
b) Falta grave.
c) Falta muy grave.
d) Falta inexistente.

De aplicación

6.26. Consulta un mínimo de tres plataformas de compras en línea, por ejemplo, Amazon, eBay o Alibaba, selecciona diferentes modelos de tacógrafo y:

- Copia y pega cada una de las imágenes seleccionadas en varias diapositivas PowerPoint, a modo de confección de un catálogo.
- Añade a cada imagen las características más significativas de cada aparato.
- Proyecta las diapositivas en el aula y comenta las prestaciones, precios, etcétera.

6.27. A partir de los ejemplos señalados en el texto referente a la responsabilidad del transportista, identifica nuevas situaciones verosímiles o extraídas de la realidad que le exoneren de ella para cada uno de los supuestos que se exponen.

6.28. Complementa el texto referente a los tiempos de espera o tiempos muertos con otras causas que, a tu parecer, puedan significar retrasos u otros motivos de ineficiencia en el proceso de carga o descarga.

6.29. Desarrolla un caso, hipotético o real, en el que figuren diversos agentes implicados y algún motivo de ineficiencia en el proceso de carga o descarga. Explica con algún detalle en qué consiste un posible aumento de los costes y qué posibles oportunidades se han perdido.

6.30. Realiza una propuesta de esquema gráfico en el cual se muestren las distintas estrategias propuestas en el texto acerca de cómo enfocar una posible solución a los tiempos de espera o tiempos muertos.

6.31. Completa en tu cuaderno el texto siguiente:

- El permiso para circular a vehículos que no superen los 20,55 metros de longitud, 4,5 metros de altura y 3 metros de ancho se denomina: ______________________________.
- El permiso para circular a vehículos de hasta los 24,50 metros de longitud, 4,5 metros de altura, 3 metros de ancho y una carga de 100 toneladas se denomina: ______________________________.
- El permiso para circular a vehículos que necesiten aumentar la anchura hasta 5 metros se denomina: ______________________________.

6.32. Amplía el ejemplo del texto en el que se especifica la clase y números ONU de las mercancías consideradas peligrosas con dos productos de cada una de las clases previstas en el Acuerdo ADR.

6.33. En relación con el accidente ocurrido en Freetown (Sierra Leone) en 2021, ¿qué acción se hizo que esté claramente desaconsejada por las directrices europeas? Escribe unas líneas con los detalles del suceso y emite la recomendación que creas más adecuada.

6.34. Recoge información acerca de la tragedia ocurrida en el camping Els Alfacs (Los Alfaques), sucedida en 1978, desde el punto de vista de la seguridad en el transporte. ¿De qué materia peligrosa se trató? ¿Con qué código ONU y clase está clasificada? Sintetiza brevemente cómo actuó la materia objeto del accidente. Si bien España estaba ya adherida al ADR, ¿a qué conclusiones llegó el Tribunal?

6.35. Consulta en línea la Sentencia Civil n.° 40/2010 de la Audiencia Provincial de A Coruña. Comenta brevemente en qué consistía la controversia planteada en el juicio. ¿Qué argumentaba la compañía de seguros como justificación para no asumir el coste de los daños? Explica cuál fue la sentencia y en qué argumentos se basó el juez para dictaminarla.

6.36. Ante una eventualidad de averías y daños de las mercancías transportadas en las que se sospecha es debido a un embalaje inapropiado, ¿quién es el responsable de los daños, el cargador o el transportista? Razona sobre el tema y expón una respuesta concluyente, apoyándote en sentencias judiciales si es necesario.

6.37. Analiza la sentencia de la Audiencia Provincial de Lleida del 2015, que dictamina que la mercancía dañada en el transporte de dulces fue a causa del apilamiento en grupaje sin que existieran suficientes marcas o indicaciones de fragilidad, y por tanto, exime al transportista de responsabilidad.

6.38. La sociedad Geal contrató con la empresa Megabiaga, SL, un transporte especial en determinadas condiciones de responsabilidad sobre posibles daños. Lee el documento www.ga-p.com/wp-content/uploads/2020/03/STS-99-2020-limitaci%C3%B3n-legal-de-la-responsabilidad-1.pdf y responde las siguientes cuestiones:

- ¿Cuál es la doctrina del Tribunal Supremo respecto a este tema?
- ¿Qué limitaciones de la responsabilidad se trataron?
- ¿Qué posicionamiento tiene el TS respecto a las declaraciones de valor de las mercancías?

De ampliación

6.39. Desde tu punto de vista, la función de control estricto que ejerce el tacógrafo, ¿es equilibrado, exagerado o insuficiente? ¿Existen debates en las redes sociales acerca de la función del tacógrafo? Debate en el aula este tema.

6.40. El conductor del transporte de mercancías asume fuertes responsabilidades en el desarrollo de su trabajo. ¿Crees que ello puede ser uno de los factores que influyen en la escasez de conductores actualmente? ¿Qué otros factores, en tu opinión, explican esa escasez de oferta laboral especializada?

6.41. Los tiempos muertos en el proceso de carga y descarga pueden llegar a crear fuertes desajustes en la programación del transporte. Además de las razones expuestas en el texto, ¿puedes aportar ideas o situaciones que puedan suponer tiempos muertos y motivos de ineficiencia? ¿Qué soluciones propones?

6.42. La normativa legal establece con exactitud las dimensiones máximas de los vehículos de transporte y la mercancía que cargan. ¿Qué puedes decir al respecto? ¿Son normas razonables? Aporta tu punto de vista.

6.43. Una empresa distribuidora de recambios para automóviles a talleres tiene establecido un protocolo de protección de las mercancías que genera dudas sobre posibles contingencias. No obstante, está acreditada por la norma ISO 9001. En caso de llegar las mercancías deterioradas, ¿quién se debería hacer cargo del coste? Debate en el aula sobre este caso.

6.44. Busca en la red información del accidente ocurrido en Freetown (Sierra Leona) en 2021. ¿A qué fue debido que la tragedia alcanzara a tantas personas? ¿Qué condiciones sociológicas influyeron decisivamente en el accidente? ¿Qué decisiones político-económicas deberían tomarse para prevenir estos sucesos?

6.45. El Heraldo de Aragón publicó a finales de 2021 una noticia acerca de un accidente ocurrido en el término de Pina de Ebro. Busca todos los detalles de lo ocurrido, sus causas y sus consecuencias. Justifica a partir de la noticia la reglamentación sobre tacógrafos y las normas sobre tiempos de trabajo y descanso.

Unidad 7

Introducción

Además del estricto cumplimiento del compromiso adquirido por las empresas logísticas y de transporte al recibir un encargo, este debe realizarse en el marco del **control de la calidad** operativa, además del respeto al medioambiente y a la prevención de consecuencias del cambio climático, factores todos ellos que definen a la organización transportista competitiva y rentable.

SISTEMAS PARA EL CONTROL DE CALIDAD EN EL SERVICIO DE TRANSPORTE

Contenidos

7.1. Conceptos básicos de calidad de prestación de un servicio
7.2. Gestión de la calidad en la prestación de un servicio de transporte
7.3. Aplicación de técnicas estadísticas en la medición de la calidad de los servicios
7.4. Aplicación de conceptos de inferencia estadística

Objetivos

- Identificar los parámetros que miden la calidad del servicio de transporte de mercancías.
- Analizar los requisitos para la implantación de un sistema de calidad en la empresa.
- Aplicar las técnicas más utilizadas por las empresas de transporte para evaluar la calidad del servicio, utilizando la información suministrada por medios informáticos y telemáticos.
- Elaborar informes sobre la calidad del servicio prestado, las incidencias que se han producido y la solución planteada.

7.1. Conceptos básicos de calidad de prestación de un servicio

En términos generales, por **calidad** se entiende el conjunto de características del servicio logístico que le confieren la capacidad de satisfacer las **necesidades de los clientes** que lo contratan. Las características que definen la calidad alcanzan conceptualmente la totalidad del servicio, desde el primer contacto empresa-cliente hasta la atención posterior a la prestación, para las empresas de gestión logística, y desde la carga de mercancías hasta la descarga en el destino final, para el servicio de transporte.

7.1.1. Factores de contribución a la calidad

Según el profesor norteamericano A. Parasunaman, pueden observarse hasta diez dimensiones que contribuyen a la calidad en el ejercicio de las actividades empresariales. Las observaciones generales de A. Parasunaman toman especial relevancia en el sector logístico y del transporte:

- **Accesibilidad.** La facilidad de contacto entre el cliente y el transportista debe ser prioridad absoluta para este. La web de la empresa debe ser fácilmente reconocible y de buen acceso y navegación. El rango de atención horaria y los datos de contacto deben destacar.
- **Competencia.** La empresa dedicada al transporte debe prestarse de los medios físicos y humanos más competitivos posible. En este sentido, la inversión de reposición de vehículos en proceso de obsolescencia debe ser un objetivo permanente, así como la formación continuada de las personas.
- **Credibilidad, confiabilidad, comprensión.** Los servicios prestados satisfactoriamente a lo largo del tiempo crean una imagen de empresa sólida, en la que los clientes depositan su confianza. La confiabilidad se obtiene al prestar el servicio logístico o de transporte exactamente tal como el cliente lo requiere y en las condiciones acordadas. La empresa debe llevar a cabo el transporte de mercancías encargado de acuerdo con las condiciones exigidas en las que el cliente ha confiado. La empresa transportista debe esforzarse en comprender los deseos y necesidades de los clientes en toda su dimensión, a fin de alcanzar un servicio excelente.

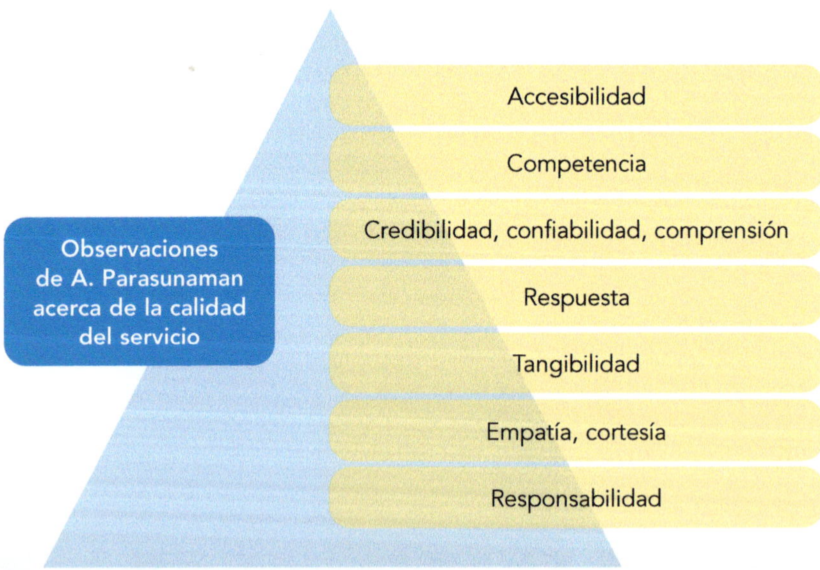

Figura 7.1. Observaciones de A. Parasunaman acerca de la calidad del servicio.

- **Respuesta.** En el sector logístico y de transporte, la capacidad de dar rápida respuesta a las necesidades de los clientes es fundamental, forma parte de la esencia del negocio.
- **Tangibilidad.** La satisfacción del cliente después de un transporte realizado por su cuenta debe ser evidente y concretada, por ejemplo, dejando constancia en una encuesta posventa, por correo electrónico u otro medio.
- **Empatía, cortesía.** Es el deseo real de comprender las necesidades del cliente, poniéndose en su lugar. De esta forma se consigue una respuesta individualizada, precisa y eficaz. El trato con el cliente debe ser de absoluta cortesía en todo momento, incluido el trato con clientes conocidos. El lenguaje vulgar en el trato comercial debe ser abandonado, incluso en contextos de confianza mutua.
- **Responsabilidad.** El servicio de transporte debe ser ejecutado con plena responsabilidad en relación con las mercancías, la normativa de tránsito, sistemas de carga y descarga, etc., perceptible por el cliente.

Actividad propuesta 7.1

Material: Software para presentaciones, PowerPoint o equivalente.

Contexto: Dimensión teórica en la calidad de los servicios de transporte y logística.

Cuestiones:

a) Construye un esquema gráfico alternativo y distinto al del libro, y anota un mínimo de dos características para cada una de las observaciones de A. Parasunaman.

b) Añade elementos gráficos metafóricos relativos a cada una de las observaciones.

c) Bajo la supervisión organizativa docente, selecciona algunos de los gráficos alternativos elaborados en el aula por el alumnado, y comenta la validez, sentido y relación con las observaciones de A. Parasunaman.

7.1.2. La satisfacción del cliente como objetivo de calidad

En términos más específicos e integrados en el contexto de trabajo relativo al transporte, la satisfacción del cliente se centra comúnmente en:

- La **integridad** de las mercancías. Estas deben llegar a su destino exactamente en las mismas condiciones en que fueron cargadas en origen, sin modificación, merma o deterioro de ninguna clase.
- La **puntualidad** en la entrega. Se entiende por puntualidad la descarga y entrega de las mercancías dentro de los márgenes reconocidos en el contrato, generalmente ajustados a una fecha concreta y, si así se estipula, dentro del margen horario previsto.

En este sentido, excepto que se haya acordado lo contrario, corresponde al cargador, quien conoce con precisión cómo son y qué necesidades tienen las mercancías a transportar, la responsabilidad de entregarlas bien identificadas, embaladas y señalizadas convenientemente. El transportista, a su vez, debe también comprobar externamente la corrección del embalaje e indicar preventivamente posibles deficiencias.

En las cargas de grupaje, el transportista apila las mercancías para aprovechar al máximo la superficie de carga y ganar en eficiencia en el servicio; en estos casos, toma especial relevancia la necesidad de que las mercancías vayan señalizadas con indicaciones específicas visibles acerca de cómo deben manipularse.

La responsabilidad sobre daños y averías ocasionadas en el transporte de mercancías, en aquello que responde a la fragilidad, necesidad de protección e indicaciones sobre la manipulación, puede ocasionar controversias que pueden terminar en los tribunales de justicia.

Figura 7.2. Se estima de forma aproximada que para el año 2023 el 22 % de todas las compras al por menor se harán a través del comercio electrónico, por tanto, la capacidad de envío, como la flexibilidad en el reparto, amplitud de horarios y puntualidad, serán claves en el futuro de la distribución.

Las entregas de última milla son especialmente significativas, ya que tienen el mayor impacto en la satisfacción del cliente. De hecho, según un estudio, el 69 % de los consumidores son mucho menos propensos a comprar con un minorista si el producto adquirido se retrasa al menos dos días. Otro 55 % de los consumidores encuestados dejará de comprar a un minorista si un producto adquirido se demora dos o más veces.

Sabías que

Se llama **última milla** a la gestión del reparto de paquetería que se centra en los últimos kilómetros recorridos hasta llegar al paradero. Esta fase se corresponde con el itinerario que se realiza una vez que se han agrupado todos los paquetes con destino a un lugar determinado, a partir de ahí, se distribuyen en la ciudad o localidad correspondiente.

También se denomina **distribución capilar** porque dentro de una población los repartos se realizan en diferentes zonas o ramificaciones.

Actividad propuesta 7.2

Material: Acceso a internet. Documento «Consumer satisfaction with the quality of logistics services», publicado por Procedia.

Contexto: La calidad en el servicio de transporte.

Cuestiones: Analiza el documento de trabajo propuesto y:

a) Destaca los conceptos más relevantes expuestos por el autor, relativos a la calidad del servicio del transporte.

b) Extrae las ideas principales acerca de la evaluación de la calidad del servicio, desarrolladas en el documento.

c) Sintetiza el párrafo relativo a los conceptos de satisfacción del cliente y análisis de niveles.

7.1.3. Evaluación del coste de la no calidad

La no observación de los criterios de calidad establecidos comporta costes importantes, muchas veces negativamente decisivos en la proyección futura del transportista. Si bien es cierto que en la mayor parte de los servicios de transporte que se llevan a cabo existe algún tipo de cobertura de seguro por daños y averías, la compensación financiera ante estas eventualidades que pueda recibirse nunca alcanzará la totalidad de la afectación, puesto que existen efectos de difícil compensación por un seguro convencional:

- **Elementos subjetivos:** ante la presencia de daños o averías debidas al transporte o almacenaje previo, aparecen elementos negativos en el cliente que van más allá del valor de las mercancías trasportadas: fuerte sentimiento de frustración, crecimiento de desconfianza, pérdida de credibilidad, idea de irresponsabilidad. Estos elementos subjetivos inciden con fuerza psicológica en el cliente, con grave perjuicio de las relaciones empresariales si los sucesos se presentan con cierta frecuencia.
- **Elementos estratégicos:** los siniestros graves y continuados pueden ocasionar pérdida de oportunidades de negocio futuras, pérdida de posicionamiento frente a la competencia y estancamiento en el desarrollo empresarial.
- **Costes de oportunidad:** los siniestros graves y continuados no solo ejercen una presión negativa y perjuicios estratégicos en las relaciones entre los agentes implicados, sino que, debido a la necesidad de la cuidadosa atención responsable y con frecuencia urgente que requieren, suponen una alta dedicación de recursos humanos, costes que podrían haber sido dedicados a otras actividades productivas y de mayor valor añadido.
- **Costes económicos:** si bien el coste directo de una incidencia en el transporte de mercancías producida por daños y averías estará cubierto por una compañía aseguradora, es factible que, en el futuro, las primas de seguros se vean incrementadas y se produzca un mayor coste operativo. Es probable, además, que se produzcan costes de reacondicionamiento de la carga no cubiertos por los seguros.

  Ejemplo: Como consecuencia de problemas financieros, la empresa TransLick, SA, que está especializada en transportes de productos químicos licuados, a causa de falta de mantenimiento de los vehículos presenta ocasionalmente algunos casos de derrames y pérdidas en sus servicios. Estos incidentes le reportan diversos costes adicionales no cubiertos por las pólizas de seguro y una fuerte pérdida de imagen competitiva en el mercado.

Actividad propuesta 7.3

Material: Herramientas Office.

Contexto: Averías y daños en el servicio de transporte, en el supuesto de una empresa como TransLick, la cual recibe reclamaciones frecuentes por daños y averías.

Cuestiones:

a) Ante las dificultades en la empresa, presentadas por las frecuentes reclamaciones y el consiguiente deterioro de la imagen, realiza una o varias propuestas de solución, en diversos escenarios.

b) Debate ordenadamente en el aula la viabilidad de las distintas propuestas de solución aportadas por los compañeros/as.

c) Asume el rol de gerente y redacta un informe dirigido al consejo de administración en el cual quede expuesta la propuesta de solución y argumentada su viabilidad.

de corrección y mejora. Para asegurar el correcto funcionamiento del proceso una vez corregido, es conveniente la realización de una nueva auditoría.

El ajuste sistemático de los parámetros que definen la calidad de los procesos se entiende como la **mejora continua** de la calidad, con el consiguiente avance de los rendimientos y objetivos.

El conjunto de los informes producidos por la auditoría interna de calidad, además de ser útil para la mejora continua, constituye una prueba demostrativa de las buenas prácticas internas, necesaria en la fase de certificación.

Caso como ejemplo

La empresa tiene establecido, en su orden interno y como norma de calidad, que el número de sanciones por infracciones de tráfico recibidas por sus conductores debe ser cero. En el supuesto de que se hayan producido sanciones, la auditoría interna realizará un informe en el cual quedará reflejada dicha contingencia y sus causas, alertando de una posible pérdida de la certificación de calidad.

H) Preauditoría

El organismo externo encargado de la certificación de la calidad realiza una auditoría previa a la adjudicación del certificado, en conjunto con el auditor/a interno de la empresa, en estrecha colaboración. El objetivo de esta preauditoría es el de detectar detalles que puedan ser corregidos con tiempo antes de la certificación final.

I) Certificación

Una vez resueltas las posibles deficiencias detectadas en la preauditoría, pueden darse dos situaciones:

- La empresa no ha podido corregir las deficiencias detectadas, por falta de tiempo u otras razones. En este supuesto, el organismo externo encargado de la certificación concede un tiempo prudencial para solventar la situación, normalmente unos 30 días, plazo en el que deben ser adoptadas las medidas necesarias para corregir el proceso o los procesos afectados, como condición a acceder al sistema de calidad certificado.

Figura 7.5. El manual de calidad es el documento base que contiene todos los procedimientos, métodos y parámetros considerados que conforman la calidad de la gestión de la empresa.

- La empresa cumple con los requisitos establecidos en las normas en su totalidad y no existen discrepancias o disconformidades. En este caso, obtiene finalmente la certificación de calidad por tres años, plazo dentro del cual deberá mantener activa la auditoría interna, a fin de renovar periódicamente la certificación.

Actividad propuesta 7.10

Material: Herramientas ofimáticas.

Contexto: Implantación de un modelo de calidad en una empresa de transporte. Auditoría interna.

Cuestiones: Sin consultar el texto, completa en tu cuaderno las frases siguientes con las ideas o conceptos faltantes:

a) La implantación de un modelo de calidad requiere del ______________________ de su dirección.
b) La empresa debe designar una ______________________ del proyecto.
c) La situación base de partida se determina ______________________ acerca de la gestión.
d) Para cada proceso se lleva a cabo un análisis por un ______________________ experto en calidad.
e) Los datos KPI deben ser ______________________.
f) El papel de los mandos ______________________ es fundamental gracias a su capacidad de interacción directa.
g) La tarea de la auditoría interna consiste en realizar ______________________ o comprobaciones.
h) Por mejora continua se entiende el proceso de ______________________ los parámetros de calidad.

7.3. Aplicación de técnicas estadísticas en la medición de la calidad de los servicios

Una vez establecidos los criterios generales que definen la calidad del servicio logístico e implantado un sistema interno de definición de los procesos, certificado o no, se deben aplicar técnicas concretas encaminadas a la **evaluación,** herramienta clave para la gestión excelente de la empresa transportista.

En la medida que el objetivo fundamental de la calidad es la satisfacción del cliente, toda metodología encaminada a la evaluación se basará en el posicionamiento de esta, manifestada directamente mediante encuestas de satisfacción o bien indirectamente como resultado de indicadores de reclamaciones y quejas. En este sentido, el cliente constituye el eje central de la evaluación de la calidad, especialmente los agentes de carga, embarcadores y transitarios, puesto que este tipo de actividades empresariales subcontrata con gran frecuencia los servicios de transporte internacional a otras empresas y de distintos medios de transporte, factor que les convierte en un colectivo idóneo para el contraste de la calidad del servicio, gracias a su perspectiva completa.

La metodología básica para la evaluación de la calidad del servicio de transporte consiste en un proceso de investigación obtenido directamente de la realidad. En términos generales, se trata de obtener **datos primarios,** esto es, obtenidos directamente a partir de los propios recursos del investigador, en contrapartida a la información producida por otras fuentes, o **datos secundarios** u obtenidos a través de fuentes de terceros, de menor relevancia en cuanto al estudio de la calidad de los servicios. Se trata, pues, del análisis de datos estadísticos obtenidos en encuestas **directas a clientes,** si bien si se desea es posible también extender el trabajo a acreedores y otros colaboradores.

Ejemplo: Un presupuesto u otro trabajo sobre el consumo anual de carburante en una empresa de transporte se basa en datos obtenidos empíricamente por la propia empresa (datos primarios) o bien sobre datos publicados por cámaras de comercio, organizaciones patronales de transportistas u otras (datos secundarios).

7.4. Aplicación de conceptos de inferencia estadística

La idea que propone el concepto de **inferencia** estadística es el de generalizar mediante extrapolación el comportamiento general de un determinado parámetro de calidad (índice de averías, puntualidad, consumos de carburante, etc.) a partir de una muestra estadística. Se trata de establecer una hipótesis de cuál es el perfil del total de datos a partir de la extracción de una muestra, a la cual se le adjudica un nivel de fiabilidad en forma de porcentaje de posible desviación.

El uso de este tipo de técnicas se justifica cuando el conjunto de datos disponibles (población) es de muy elevado tamaño, como sucede en el sector del transporte y la logística cuando se trata de estudios de gran alcance, por ejemplo, **estudios a nivel europeo** o mundial, promovidos por observatorios y agrupaciones de transportistas. Es estos casos, se selecciona una muestra representativa cuyos resultados son extrapolados a la totalidad, de forma análoga a la práctica normal en las encuestas sobre tendencias políticas y/o sobre audiencias de radio y televisión.

Existen dos técnicas o métodos básicos de inferencia estadística:

1. **Estimación de parámetros.** Consiste básicamente en establecer dos valores dentro de la población y afirmar que el parámetro deseado se halla dentro del rango establecido (intervalo de confianza), con una cierta probabilidad.

   Ejemplo: Se desea estimar cuál es el consumo de carburante medio de todos los vehículos que circulan por la Unión Europea con una capacidad de carga entre 10 y 12 toneladas, a partir de una base de datos (población) en la que está contenido el consumo medio de cada vehículo (parámetro). El método consistiría en tomar una muestra de un número aceptable de datos estableciendo un rango y afirmar que el consumo de carburante medio buscado se halla comprendido dentro con una probabilidad «x». Por ejemplo, se toman 50 muestras de consumos entre 5000 datos disponibles (población) y se comprueba que el consumo de carburante medio es como mínimo de 35,60 litros/km y como máximo de 36,40 litros/km. Se estima que el parámetro buscado (media europea de consumo) se halla comprendido dentro de dicho intervalo, estimación que debe ir acompañada de una probabilidad calculada.

2. **Contraste de hipótesis.** Consiste en realizar una propuesta en la que se estudian dos hipótesis: H0 (hipótesis nula), H1 (hipótesis alternativa), de manera que el investigador divide los resultados obtenidos en dos zonas: una zona de rechazo y otra de aceptación.

Vocabulario

Parámetro. Dato que se considera necesario para evaluar un rendimiento o un nivel de eficacia. Son parámetros el consumo de carburante, las horas de conducción, los kilómetros recorridos o las toneladas transportadas.

Variable. Una variable estadística es un parámetro que va a ser analizado, y sus valores son medidos, evaluados y comparados.

Inferir. Extraer juicios o conclusiones a partir de ciertos supuestos, bien sean generales o particulares.

Población. Conjunto total de datos que existen de un parámetro o variable. Ejemplo: número de reclamaciones recibidas por daños y averías en el transporte en un período concreto.

Muestra estadística. Parte o selección de una población.

Extrapolar. Aplicar algo conocido a otro sector o espacio para extraer consecuencias e hipótesis.

Actividad propuesta 7.12

Material: Herramientas ofimáticas.

Contexto: Técnicas estadísticas en la medición de la calidad de los servicios de transporte.

Cuestiones:

a) Diseña un modelo de ruta fija de transporte de mercancías entre dos puntos alejados dentro de la Unión Europea. Para ello, estudia previamente dos o más alternativas de itinerarios a modo de prueba piloto, en las que un vehículo recorrerá las rutas durante un mínimo de cinco veces y tomará nota de datos reales relativos a distancias, consumos y tiempos invertidos. Con los datos recogidos, calcula la media, la mediana y la moda.

b) Redacta un informe completo del estudio, en el que se establecerán los criterios de calidad que han de ser útiles para el establecimiento de una ruta fija.

Mapa conceptual

SISTEMAS PARA EL CONTROL DE CALIDAD EN EL SERVICIO DE TRANSPORTE

- **Conceptos básicos de calidad de prestación de un servicio**
  - Calidad es el conjunto de características del servicio que proporcionan satisfacción al cliente
  - Accesibilidad; Competencia; Credibilidad, confianza, comprensión; Respuesta; Tangibilidad; Empatía, cortesía; Responsabilidad
    - Accesibilidad
    - Competencia
    - Credibilidad, confianza, comprensión
    - Respuesta
    - Tangibilidad
    - Empatía, cortesía
    - Responsabilidad
  - La satisfacción del cliente como objetivo de la calidad
    - La integridad
    - La puntualidad
  - Evaluación del coste de la no calidad
    - Elementos subjetivos
    - Elementos estratégicos
    - Costes de oportunidad
    - Costes económicos
- **Gestión de la calidad en la prestación de un servicio de transporte**
  - Para mejorar la competitividad de las empresas se crearon modelos de certificación
    - ISO 9001
    - EFQM
  - Ventajas estratégicas del certificado de calidad
    - Satisfacción del cliente
    - Distanciamiento de la competencia
    - Nuevos mercados
    - Optimización de la organización interna
    - Reducción de costes
    - Capacidad de acceso a concursos
    - Inclusión en grupos empresariales
  - Implantación de un modelo de calidad
    - Evaluación de la situación
    - Análisis de procesos
    - Manual de calidad
    - Capacitación del personal
    - Implantación del sistema
    - Auditoría interna
    - Medidas de corrección
    - Preauditoría
    - Certificación
- **Aplicación de técnicas estadísticas en la medición de la calidad de los servicios**
  - Media
  - Mediana
  - Moda
- **Aplicación de conceptos de inferencia estadística**
  - Estimación de parámetros
  - Contraste de hipótesis

Actividades finales

De comprobación

7.1. ¿Qué se entiende por calidad en la empresa de transporte?

a) El cumplimiento del horario previsto en la entrega.

b) La atención amable, educada y precisa de las reclamaciones.

c) La satisfacción plena del cliente.

d) El servicio prestado con vehículo de última generación.

7.2. ¿Hasta dónde alcanza el concepto de calidad en el servicio de transporte?

a) Desde el punto de carga al destino final.

b) Desde el punto de carga al destino final y regreso.

c) Desde el servicio del conductor al de descarga.

d) Desde el primer contacto hasta la atención postservicio.

7.3. ¿Qué es la tangibilidad de la calidad en el servicio de transporte?

a) La capacidad de dar respuesta inmediata al cliente.

b) La creación de una imagen de empresa sólida.

c) La evidencia de que se ha producido la satisfacción del cliente.

d) La observación de las reglas de cortesía.

7.4. La empatía en el contexto de calidad en el transporte es:

a) La comprensión de los deseos del cliente.

b) La simpatía en las comunicaciones con el cliente.

c) La adaptación de los servicios al mercado competitivo.

d) La cortesía en el trato con los clientes.

7.5. ¿En qué se centra la satisfacción del cliente?

a) En la empatía con el transportista.

b) En el coste del servicio si es económico.

c) En la puntualidad y en la integridad de las mercancías.

d) En la transparencia de la información.

7.6. La no observación de los criterios de calidad comporta, entre otros:

a) Mejores resultados económicos.

b) Aumento de competitividad frente a terceros.

c) Estancamiento en el desarrollo empresarial.

d) Falta de interés en los colaboradores.

7.7. De todas las ventajas estratégicas del sistema de calidad, destaca:

a) La capacidad de acceso a concursos públicos.

b) La inclusión en grupos empresariales.

c) La optimización de la organización interna.

d) La satisfacción del cliente.

7.8. ¿Cuál es el primer paso necesario para implantar un sistema de calidad?

a) El compromiso y el liderazgo de la dirección.

b) La predisposición de los conductores.

c) Una organización interna con experiencia.

d) La autorización de la CETM.

7.9. La implicación de los mandos medios en la implantación de un sistema de calidad:

a) Es innecesaria.

b) Es inocua.

c) Es conveniente.

d) Es imprescindible.

7.10. ¿Qué requisito básico se necesita para alcanzar la certificación de calidad?

a) Una certificación previa de gestión eficiente.

b) Una autorización del ayuntamiento.

c) Un sistema informático de última generación.

d) Un sistema de gestión sistemático y planificado.

7.11. La primera fase de la evaluación de la calidad consiste en:

a) Evaluar la situación actual.

b) Designar un comité evaluador.

c) Aplicar procesos predefinidos.

d) Detectar errores.

7.12. ¿Cuál es la primera acción que se lleva a cabo en la evaluación de la calidad?

a) Análisis de la eficiencia de las rutas.
b) Confección de un manual de calidad.
c) Designación de una persona responsable.
d) Establecimiento de objetivos.

7.13. La evaluación de la situación base se realiza mediante:

a) La observación directa de los vehículos e instalaciones.
b) El análisis de los manuales y la documentación interna.
c) La medición de muestras de diversos parámetros.
d) Un cuestionario de preguntas.

7.14. ¿Quién o quiénes analizan los procesos internos?

a) Un experto independiente.
b) Un auditor interno.
c) Ambos.
d) Ninguna de los respuestas anteriores es correcta.

7.15. Los indicadores KPI son:

a) Parámetros de consumo.
b) Parámetros de eficiencia.
c) Parámetros de resultados.
d) Parámetros de eficacia.

7.16. Los datos utilizados por los indicadores KPI deben ser:

a) Objetivos.
b) Medibles.
c) Relevantes.
d) Todas las respuestas anteriores son correctas.

7.17. El manual de calidad es:

a) Obligatorio.
b) Imprescindible.
c) Necesario.
d) Recomendable.

7.18. La formación del personal en calidad se lleva a cabo:

a) Obligatoriamente.
b) Legalmente.
c) Temporalmente.
d) Metodológicamente.

7.19. La implantación del sistema de calidad se produce:

a) Inmediatamente.
b) Progresivamente.
c) Selectivamente.
d) Espaciadamente.

7.20. ¿Cuál es la función de la auditoría interna?

a) Realizar pruebas sustantivas.
b) Obtener evidencias de la corrección en los procesos.
c) Detectar defectos y/o irregularidades.
d) Todas las respuestas anteriores son correctas.

7.21. La metodología a seguir para la obtención de la certificación de calidad se basa en:

a) La mejora continua.
b) La eliminación de errores.
c) La detección de falsedades.
d) El estímulo de la productividad.

7.22. Una vez obtenida la certificación de calidad, puede renovarse:

a) Al siguiente año.
b) Al segundo año.
c) Al tercer año.
d) No es necesario, es permanente.

7.23. ¿Qué es la media estadística?

a) El valor central de una serie de valores.
b) El valor que presenta mayor frecuencia absoluta.
c) La suma de los valores dividida por su número.
d) La cantidad de unidades que forman una serie.

7.24. ¿Qué es la moda estadística?

a) El valor central de una serie de valores.
b) El valor que presenta mayor frecuencia absoluta.
c) La suma de los valores dividida por su número.
d) La cantidad de unidades que forman una serie.

7.25. ¿Qué es la mediana estadística?

a) El valor central de una serie de valores.
b) El valor que presenta mayor frecuencia absoluta.
c) La suma de los valores dividida por su número.
d) La cantidad de unidades que forman una serie.

De aplicación

7.26. Selecciona tres webs entre empresas de transportes de alcance internacional. Destaca dentro de la web aquellos elementos, figuras o textos que supuestamente contribuyan a la calidad del servicio ofertado, según los factores descritos en el texto, y confecciona un cuadro comparativo entre las tres webs con sus aportaciones y sus posibles vacíos.

7.27. Identifica empresas reales de transportes entre cuya misión se muestren explícitamente los compromisos de integridad de las mercancías y de puntualidad en las entregas, en estos términos o equivalentes.

7.28. Explica con tus propias palabras el concepto de coste de oportunidad, aplicado a los servicios de transporte. Aporta un ejemplo extraído prioritariamente de la empresa donde realizas las prácticas.

7.29. Organizaciones especializadas en la certificación de calidad en las empresas de transporte ofrecen, en sus respectivas páginas web, información acerca de cómo proceder, qué ventajas ofrece la certificación, distintas opciones, etc. Consulta en alguna de estas páginas especializadas los requisitos necesarios para obtener la certificación.

7.30. En el texto se presentan algunas posibles preguntas dentro del proceso de certificación de la calidad, ¿puedes añadir cuatro o cinco preguntas más para completar el cuestionario?

7.31. Construye un diagrama de flujo con las herramientas Office disponibles, de modo similar al realizado para el estudio de las rutas críticas (PERT), aplicado en este caso al proceso de implantación de un modelo de calidad. Debe incluir necesariamente diversas posibilidades de retroceder en el proceso, caso de no cumplir con los objetivos establecidos.

7.32. Complementa los ejemplos del libro acerca de datos medibles usados como KPI con tus propias aportaciones, preferiblemente extraídas de tu entorno productivo real.

7.33. Comprueba las propuestas del libro acerca de los recursos técnicos empleados para la aplicación de técnicas estadísticas en la medición de la calidad y añade al menos dos que, a tu criterio, sean útiles también como base para el estudio estadístico.

7.34. Añade asimismo dos preguntas o más, relativas a la capacidad de respuesta, a la gestión del tiempo y a la administración, que a tu criterio sean apropiadas para este tipo de estudios.

7.35. Consulta el manual de calidad de la empresa Transportes AR S.A.S.
(https://repositorio.utp.edu.co/server/api/core/bitstreams/6568988d-a55f-4c65-aae5-bd645123e307/content)

- ¿Qué objetivos se plantea la auditoría interna en esta empresa en concreto? ¿Quiénes se encargan de implementar las acciones correctivas? ¿De quién es la responsabilidad de evaluar la efectividad de las acciones implementadas?
- Complementa los cuestionarios acerca de los recursos técnicos empleados, la capacidad de respuesta, la gestión del tiempo y la administración con tus propias palabras y nuevas preguntas.

«Modelo de manual de calidad»

7.36. A partir del ejemplo del texto en que se estudian diversas técnicas estadísticas, construye un ejemplo análogo, en este caso situado en la Península, valorando diversas rutas alternativas entre dos ciudades españolas alejadas. Realiza una propuesta de datos realistas sobre kilometraje y tiempos. Calcula los parámetros necesarios que han de ser útiles como base de la calidad del servicio. Comenta las posibles conclusiones que puedan desprenderse del trabajo realizado.

De ampliación

7.37. A la vista de las observaciones de A. Parasunaman, otorga a cada una de ellas una valoración cuantificada en cuanto a su importancia y peso relativo respecto de la idea de calidad total. Según tu criterio, ¿cuáles serían las tres observaciones más importantes? ¿Por qué razón?

7.38. Una empresa que contrata los servicios de un transportista espera, sobre todo, que las mercancías lleguen a su destino completas y sin desperfectos. ¿Qué otros elementos, de acuerdo con tu criterio, podrían conformar la plena satisfacción de la empresa que contrata el transporte? Explica en breves líneas en qué consiste tu aportación. Recoge todas las aportaciones del alumnado y presenta un informe completo del significado de la expresión «satisfacción del cliente».

7.39. Compara las observaciones de A. Parasunaman aplicadas en el sector del transporte y la logística con las mismas observaciones aplicadas a una empresa de un sector completamente distinto (por ejemplo, seguros del hogar, educación a distancia, cosmética, etc.). ¿En qué aspectos el sector del transporte es más sensible y por qué?

7.40. En el texto se citan varias consecuencias de las averías y daños sufridos en el transporte que van más allá del alcance de la compensación económica que pueda cubrir el seguro. ¿Calificarías dichas consecuencias como graves o simplemente accesorias? ¿Puedes añadir alguna consecuencia más de carácter subjetivo? Explica las razones que te llevan a emitir tu opinión.

7.41. Asimismo, se presentan en el texto algunas consecuencias de carácter estratégico que pueden aparecer en caso de daños y averías frecuentes en los servicios de transporte. ¿Puedes añadir alguna consecuencia más de este carácter? Razona la respuesta.

7.42. Explica, con tus propias palabras, el concepto de «costes de oportunidad» aplicados a las consecuencias de los siniestros en el transporte de mercancías. Aporta un ejemplo concreto, prioritariamente aplicado a la empresa donde realizas las prácticas.

7.43. El cuestionario acerca de los factores de mayor influencia en la calidad del servicio de transporte, ¿es adecuado a todos los tipos de empresa logística, según tamaño, especialidades, rutas ofrecidas, etc.? En caso afirmativo, piensa cómo podrían adaptarse las preguntas a los diversos escenarios.

7.44. ¿Qué podría ocurrir en el supuesto de que los datos utilizados como KPI fueran subjetivos? Comenta las posibles consecuencias.

7.45. Los datos estadísticos no contemplan elementos subjetivos. ¿En qué medida pueden llegar a afectar estos a las decisiones referidas a la planificación de rutas de transporte? Aporta ideas o elementos que de alguna manera puedan influir en las decisiones gerenciales por encima de los datos estadísticos.

7.46. De las técnicas estadísticas estudiadas como herramientas de medición de la calidad en el transporte, ¿qué ventajas o inconvenientes observas en cada una de ellas?

Unidad 8

Introducción

La actividad del servicio de transporte competitiva y de calidad es básica para el crecimiento económico de la sociedad y el nivel de vida, el bienestar. No obstante, el movimiento que genera significa un notable impacto ambiental que, aunque difícil de cuantificar monetariamente, su repercusión sobre las personas es evidente y preocupante. Es por ello que toda empresa transportista debería, además de cumplir estrictamente con la legislación establecida al respecto, situar entre sus valores y principios una actitud positiva frente al problema e implantar en su organización un sistema específico de gestión medioambiental, implicado en la gestión de la calidad total.

IMPLANTACIÓN DE UN SISTEMA DE GESTIÓN MEDIOAMBIENTAL DEL SERVICIO DE TRANSPORTE

Contenidos

8.1. Aspectos e impactos medioambientales de las operaciones de transporte

8.2. Legislación medioambiental aplicable al transporte de mercancías

8.3. Implantación de un sistema de gestión medioambiental del transporte de mercancías

Objetivos

- Analizar los aspectos e impactos medioambientales de las operaciones de transporte.
- Estudiar los requisitos legislativos medioambientales del sector del transporte
- Identificar las herramientas adecuadas para la gestión medioambiental.

8.1. Aspectos e impactos medioambientales de las operaciones de transporte

La energía con la que se mueve el transporte proviene del petróleo, por tanto, esta circunstancia lo hace responsable de una parte importante de las emisiones de gases con efecto invernadero que se generan en toda la Unión Europea.

Otros sectores industriales han conseguido minorar esta emisión de gases desde hace décadas, sin embargo, el transporte los ha aumentado. Coches, furgonetas, camiones, etc., producen más del 70 % del total de las emisiones. El resto procede del transporte marítimo y aéreo.

Por otra parte, el transporte también constituye una fuente de polución muy alta que incide directamente en la contaminación atmosférica de las ciudades, aunque es cierto que se ha podido disminuir una parte, a través de la regulación de normativas que han permitido aumentar la calidad del combustible.

Europa legisla sobre las emisiones creando legislaciones de obligado cumplimiento y forzando el uso de tecnologías más limpias, sin embargo y a pesar de todos los esfuerzos, siguen siendo demasiado elevadas.

Esencialmente, los agentes causantes de daños en el medioambiente de los cuales el transporte es directamente responsable son los siguientes.

8.1.1. Consumo de combustibles fósiles

Se consideran combustibles fósiles aquellos que en un período de millones de años se han ido formando a partir de materia orgánica y de sucesivos cambios climáticos y transformaciones en el planeta. Se trata de hidrocarburos en estado líquido, como el petróleo o el gas, o en estado sólido como el carbón, recursos naturales que son finitos, no renovables.

Con el tratamiento del petróleo o proceso de refinado, se consigue el carburante que necesita y consume el sistema mundial del transporte (gasolina, gasóleo, queroseno, etc.), elementos todos ellos emisores a la atmósfera de óxidos de nitrógeno, monóxido de carbono y dióxido de azufre, partículas y otros agentes. Todos esos **contaminantes** provocan el llamado **efecto invernadero,** origen de la aceleración del cambio climático.

Figura 8.1. A partir del año 2040 en España no podrán venderse turismos que emitan dióxido de carbono, el principal gas de efecto invernadero, y no podrán circular en todo el país a partir del año 2050.

Al mismo tiempo, la repercusión directa sobre la salud humana de la contaminación atmosférica está ampliamente estudiada y cuantificada en un impacto mundial de 7 millones de muertes prematuras, según datos de la Organización Mundial de la Salud (OMS), de los cuales se estima que en un 30 % se originan a partir de las operaciones logísticas y de transporte.

Estudios contrastados realizados en Andalucía han calculado un consumo medio de 37,4 litros de gasóleo cada 100 km para el transporte ATP (mercancías perecederas) y en 38,3 litros de gasóleo cada 100 km para el transporte ADR (mercancías peligrosas), cifras que, multiplicadas por el número de kilómetros totales recorridos en la comunidad anualmente (vehículos ATP 250 millones, y vehículos ADR y otros, 2500 millones, aprox.), permiten conocer el total de toneladas de elementos contaminantes emitidos a la atmósfera (Tablas 8.1 y 8.2).

Tabla 8.1. Consumo medio anual de gasóleo del transporte pesado en Andalucía

	Litros gasóleo (miles)	Kilómetros recorridos	L/100
Vehículos ATP	93 528	250 076	37,4
Vehículos ADR y otros	964 633	2 518 625	38,3
Total, transporte pesado	**1 058 161**	**2 768 701**	**38,22**

Tabla 8.2. Total emisiones contaminantes generadas anualmente por el transporte en Andalucía

Contaminante	Estimación toneladas emitidas
Dióxido de carbono	2 626 353
Óxido de nitrógeno	84 177
Monóxido de carbono	52 274
Hidrocarburos	13 447
Partículas	3112
Dióxido de azufre	299
Total	**2 779 662**

Actividad propuesta 8.1

Material: Herramientas ofimáticas, acceso a internet.

Contexto: Contaminación atmosférica debida al transporte pesado.

Cuestiones:

a) A partir de los datos expuestos en las Tablas 8.1 y 8.2, determina las emisiones por litro de gasóleo, imputables al CO_2 (dióxido de carbono), origen del efecto invernadero.
b) Igualmente, por cada kilómetro recorrido.
c) Determina las emisiones por litro de gasóleo, imputables a otros elementos tóxicos perjudiciales para la salud.
d) Lo mismo por cada kilómetro recorrido.

Actividad propuesta 8.2

Material: Vídeo https://youtube.com/watch?v=dld_p1m03z4

Contexto: Emisiones contaminantes de los combustibles fósiles.

Cuestiones:

a) ¿En qué medida el transporte de mercancías es responsable del efecto invernadero?
b) ¿Qué efectos tiene sobre el medioambiente la renovación de la flota de vehículos?
c) ¿Qué directrices establece la Unión Europea para el sector del transporte en cuanto a contaminación?

«CdTrucks – Emisiones transporte de mercancías»

Políticas de la UE

Un objetivo político que se plantea la UE es convertir el transporte hacia métodos o modalidades menos contaminantes apoyando el uso de combustibles e infraestructuras sostenibles.

La hoja de ruta se centra en la descarbonización del transporte trazando un rumbo que transite hacia emisiones cero de gases de efecto invernadero en el conjunto de la UE para el año 2050, subraya, por tanto, el protagonismo que debe tomar la electrificación y el uso de otras fuentes de energía renovables.

Exige, por otra parte, una adecuada planificación urbana de las ciudades y la materialización de una estrategia que redunde en el uso del transporte público.

La legislación gira en torno a la creación de límites de emisiones para coches, furgonetas, camiones y autobuses, así como acciones de gestión del ruido para grandes infraestructuras de transporte, tales como los aeropuertos o intercambiadores.

Por otra parte, la AEMA (Agencia Europea del Medioambiente) vigila el desempeño del transporte en Europa y analiza la evolución de los indicadores que miden el cumplimiento de los objetivos marcados.

Figura 8.2. La política medioambiental ha pasado a ocupar un papel protagonista en la elaboración de estrategias de la Unión Europea, poniendo en marcha el **Pacto Verde Europeo,** que es el principal impulsor de su estrategia de crecimiento económico. *Fuente:* Reciclamas.

8.1.2. Generación de residuos

Son residuos contaminantes producidos por las operaciones de transporte todos aquellos que van relacionados con el mantenimiento de los vehículos, aceites, filtros, baterías, piezas y neumáticos. Además de generar residuos por sí mismos, el desempeño del transporte puede estar relacionado con la recogida y traslado a vertederos autorizados o puntos de incineración de residuos generados por otras actividades. De todo ello, es necesario conocer cuáles se consideran **peligrosos** y cuáles producen efectos contaminantes más limitados.

La normativa europea ha definido con precisión los residuos que se consideran **peligrosos** de forma general, siendo los más relacionados con las mercancías transportadas los siguientes:

- **Explosivos:** residuos que pueden explosionar bajo el efecto de una llama o son sensibles a choques.
- **Irritantes:** pueden causar una reacción inflamatoria por contacto con la piel o las mucosas.
- **Nocivos:** su inhalación, ingestión o penetración cutánea puede entrañar riesgos limitados.
- **Tóxicos:** su inhalación, ingestión o penetración cutánea puede entrañar riesgos graves, o incluso la muerte.
- **Cancerígenos:** su inhalación, ingestión o penetración cutánea puede provocar cáncer o aumentar su frecuencia.
- **Corrosivos:** pueden destruir tejidos vivos por contacto.

En cuanto a la propia legislación española, queda regulado ampliamente el impacto medioambiental del transporte:

a) La gestión de **neumáticos** fuera de uso y de los aceites. En el Real Decreto 1619/2005, de 30 de diciembre, sobre la gestión de neumáticos fuera de uso, se establecen normas dirigidas a fomentar el reciclado y a la protección del medioambiente:
   - Plan empresarial de prevención de neumáticos fuera de uso.
   - Obligaciones del fabricante de neumáticos.
   - Obligaciones de las empresas generadoras y poseedoras de neumáticos fuera de uso.
   - Obligaciones de los gestores.
   - Almacenamiento y eliminación de neumáticos.
   - Régimen sancionador.

b) La gestión **aceites** industriales usados. En el Real Decreto 679/2006, de 2 de junio, se establecen normas dirigidas al fomento de alternativas que garanticen la máxima protección del medioambiente y de la salud:
   - Plan empresarial de prevención de los efectos industriales de los aceites industriales sobre medioambiente.
   - Obligaciones relacionadas con el almacenamiento y tratamiento de aceites usados.
   - Sistemas de entrega de aceites usados.
   - Sistemas integrados de gestión de los aceites usados.
   - Régimen sancionador.

c) La prevención de residuos producidos por vehículos al final de su vida útil. En el Real Decreto 265/2021, de 13 de abril, sobre los vehículos al final de su vida útil, se dictan las obligaciones relativas a:
   - Entrega y recogida de los vehículos para su tratamiento.
   - Normas para los fabricantes.
   - Documentación de la entrega a centros autorizados para el tratamiento (CAT).
   - Entrega y recogida de los vehículos para su tratamiento.
   - Instalaciones y operaciones de tratamiento.

Figura 8.3. El aceite usado es un residuo peligroso que debe ser gestionado por un transportista autorizado. Se ha de desechar en contenedores específicos para este uso. *Fuente:* maquinaria10.com

Actividad propuesta 8.3

Material: Vídeo https://youtube.com/watch?v=VQLNdDbW_xw

Contexto: Residuos peligrosos generados por el transporte.

Cuestiones:

a) ¿Qué elementos del vehículo generan residuos contaminantes?
b) ¿Cómo se eliminan o reducen su efecto?
c) Describe el proceso completo de tratamiento de residuos peligrosos.

«Residuos peligrosos»

Actividad propuesta 8.4

Material: Disposiciones legales sobre generación de residuos.

Contexto: Residuos peligrosos generados por el transporte.

Cuestiones:

a) ¿Dónde y cómo está regulado con detalle el vertido de aceites usados en el suelo o en el alcantarillado?
b) ¿Qué objetivos ecológicos acerca del tratamiento del aceite establece la ley en forma de porcentajes y datos?
c) ¿Qué debe hacer el transportista con los neumáticos usados y en qué casos?
d) ¿Pueden legalmente almacenarse 25 toneladas de neumáticos usados?
e) Describe qué son los sistemas integrados de gestión de neumáticos fuera de uso.
f) Describe los procesos que efectúan los centros autorizados para el tratamiento (CAT) respecto a los vehículos que han llegado al final de su vida útil.

8.1.3. Vertidos contaminantes

El mantenimiento de los vehículos en buenas condiciones de limpieza es imprescindible para la buena imagen del transportista, puesto que muestra su grado de profesionalidad e implicación en un servicio de calidad. En las empresas de tamaño medio y grandes empresas es la imagen de marca la que está en juego, así que el lavado regular de los vehículos resulta fundamental e ineludible. En consecuencia, la estructura del transporte necesita del consumo de agua y agentes detergentes, que, junto con las aguas residuales procedentes de la limpieza de oficinas y dispositivos sanitarios, acaba en vertidos contaminantes y posibles transmisores de enfermedades (legionela).

La prevención de este problema está regulada en el Real Decreto 865/2003, el cual regula las condiciones de mantenimiento de las instalaciones con riesgo de proliferación de la legionelosis, entre ellas las de lavado de vehículos de transporte.

Actividad propuesta 8.5

Material: www.boe.es/eli/es/rd/2003/07/04/865

Contexto: Vertidos contaminantes.

Cuestiones:

a) ¿En qué grupo de entre los propuestos por la ley deberían encuadrarse las instalaciones de lavado de vehículos?
b) ¿A qué medidas preventivas están obligadas estas instalaciones?

«Prevención de la legionelosis»

Figura 8.4. El agua y detergente que genera el lavado de vehículos industriales constituyen una importante carga contaminante de hidrocarburos en suspensión. El mercado ha desarrollado sistemas que depuran este tipo de residuos buscando la recirculación de aguas o eliminación completa del vertido.

8.1.4. Ruido medioambiental

Se define como ruido medioambiental o contaminación acústica la presencia en el ambiente de ruidos o vibraciones, cualquiera que sea el emisor acústico que los origine, que impliquen molestia, riesgo o daño para las personas, para el desarrollo de sus actividades o para los bienes de cualquier naturaleza, o que causen efectos significativos sobre el medioambiente.

Son áreas o zonas de servidumbre acústica, a efectos de la ley, aquellas que están afectadas a sistemas generales de infraestructuras de transporte. Estas zonas se delimitan en mapas de ruido medido por la Administración competente en esta materia.

Para evaluar el ruido medioambiental y determinar su impacto sobre la salud, se utilizan los siguientes índices:

- Índice **acústico:** magnitud física para describir la contaminación acústica, que tiene relación con los efectos producidos por esta.
- Índice de **emisión:** índice acústico relativo a la contaminación acústica generada por un emisor.
- Índice de **inmisión:** índice acústico relativo a la contaminación acústica existente en un lugar durante un tiempo determinado.

Cada uno de estos índices están sometidos a unos **valores límites** a partir de los cuales se consideran perjudiciales. Los valores límites de emisión y de inmisión están determinados por el Gobierno, el cual procede a su reducción como consecuencia de los cambios en las mejoras técnicas disponibles.

Sabías que

El Sistema Básico de Información sobre la Contaminación Acústica (SICA) depende directamente del Ministerio para la Transición Ecológica y lo gestiona la Dirección General de Biodiversidad y Calidad Ambiental.

El ruido emitido por los vehículos de transporte debe ser atenuado, en lo posible, mediante:

- Medidas propias de la gestión interna de la empresa, como programación ordenada de las entradas y salidas en las que se tengan en cuenta las normas municipales.
- Inversiones en cerramientos, paredes aisladas y pantallas acústicas de protección.

Figura 8.5. Los **mapas estratégicos de ruido** informan sobre los niveles sonoros y sobre la población expuesta a esos niveles acústicos, además de otros datos exigidos por la Directiva 2002/49/CE y la Ley del Ruido.

Actividad propuesta 8.6

Material: Disposiciones legales sobre ruido.

Contexto: Contaminación acústica.

Cuestiones: A efectos de la ley:

a) ¿Qué se considera un gran eje viario?

b) ¿Dónde está contenida la información sobre el valor de los índices acústicos previstos o existentes en cada una de las áreas afectadas?

c) ¿Cada cuánto tiempo deben revisarse los mapas acústicos?

d) ¿Qué tipo de infracción está considerada como muy grave? ¿Hasta cuánto puede ascender la sanción?

8.2. Legislación medioambiental aplicable al transporte de mercancías

Respecto a la normativa sobre responsabilidad medioambiental existe amplia normativa emitida a todos los niveles: europeo, estatal, autonómico y local, cuyos aspectos más relevantes son los que se estudian a continuación.

8.2.1. Normativa acerca de emisiones contaminantes a la atmósfera

Las emisiones contaminantes a la atmósfera producidas por los vehículos de transporte están limitadas por ley, la cual precisa con detalle técnico el nivel autorizado.

El control para el cumplimiento de la normativa acerca de las emisiones contaminantes a la atmósfera se halla contenido en el Real Decreto 2042/1994, de la Inspección Técnica de Vehículos

(ITV), en cuyo artículo 6 se especifica la frecuencia con la que los vehículos de transporte deben someterse a la inspección, distinguiendo dos categorías:

- **N1.** Vehículos de motor concebidos y fabricados principalmente para el transporte de mercancías y cuya masa máxima no sea superior a 3,5 toneladas. Deben pasar la inspección:
  - Vehículos hasta 2 años de antigüedad: exentos.
  - Vehículos de 2 a 6 años de antigüedad: cada dos años.
  - Vehículos de 6 a 10 años de antigüedad: cada año.
  - Vehículos de más de 10 años de antigüedad: dos veces al año.
- **N2, N3.** Vehículos de motor concebidos y fabricados principalmente para el transporte de mercancías y cuya masa máxima sea superior a 3,5 toneladas. Deben pasar la inspección:
  - Vehículos hasta 10 años de antigüedad: cada año.
  - Vehículos de más de 10 años de antigüedad: dos veces al año.

A su vez, en el Real Decreto 818/2018, de 6 de julio, sobre medidas para la reducción de las emisiones nacionales de determinados contaminantes atmosféricos, se aprobaron medidas con la finalidad de lograr un nivel de calidad del aire que no suponga efectos negativos significativos en la salud humana y el medioambiente.

Estas medidas se concretaron en compromisos de reducción de las emisiones de dióxido de azufre (SO_2), de óxidos de nitrógeno (NOx), de compuestos orgánicos volátiles no metánicos (COVNM), de amoníaco (NH) y de partículas finas (PM). En el caso del **transporte por carretera,** los compromisos de reducción se aplican a las emisiones calculadas en función de los combustibles vendidos.

Tabla 8.3. Emisiones de SO_2 históricas y su reducción

Reducción de las emisiones de SO_2 en comparación con 2005		**Reducción de las emisiones de NO en comparación con 2005**		**Reducción de las emisiones de COVNM en comparación con 2005**	
Para cualquier año entre 2020 y 2029	Para cualquier año a partir de 2030	Para cualquier año entre 2020 y 2029	Para cualquier año a partir de 2030	Para cualquier año entre 2020 y 2029	Para cualquier año a partir de 2030
67 %	88 %	41 %	62 %	22 %	39 %

Tabla 8.4. Emisiones de NH históricas y su reducción

Reducción de las emisiones de NH en comparación con 2005		**Reducción de las emisiones de PM en comparación con 2005**	
Para cualquier año entre 2020 y 2029	Para cualquier año a partir de 2030	Para cualquier año entre 2020 y 2029	Para cualquier año a partir de 2030
3 %	16 %	15 %	50 %

Actividad propuesta 8.7

Material: Herramientas Office. Real Decreto www.boe.es/eli/es/rd/2018/07/06/818

«Contaminantes atmosféricos»

Contexto: Contaminación atmosférica.

Cuestiones:

a) ¿Cuáles son los indicadores optativos para el seguimiento de los efectos de la contaminación atmosférica a que se refiere el artículo 9 de la Ley?

b) Presenta un cuadro sinóptico con los datos recogidos respecto a estos indicadores.

8.2.2. Normativa acerca de residuos

Según las normas establecidas por la Ley 22/2011, las entidades o empresas que recogen o transportan residuos con carácter profesional deben:

- Recoger los residuos y transportarlos cumpliendo las prescripciones de las normas de transportes, las restantes normas aplicables y las previsiones contractuales.
- Mantener, durante su recogida y transporte, los residuos peligrosos envasados y etiquetados con arreglo a las normas internacionales y comunitarias vigentes.
- Entregar los residuos para su tratamiento a entidades o empresas autorizadas, y estar provistos de una acreditación documental de esta entrega.

Adicionalmente, deben poseer un archivo físico o telemático donde se recoja por orden cronológico la cantidad, naturaleza, origen, destino y método de tratamiento de los residuos; cuando proceda se inscribirá también el medio de transporte y la frecuencia de recogida.

Las entidades y empresas que recojan o transporten residuos con carácter profesional estarán sujetas a las **inspecciones** periódicas que las autoridades competentes estimen adecuadas. Estas inspecciones cubrirán el origen, la naturaleza, la cantidad y el destino de los residuos recogidos y transportados.

Figura 8.6. Actualmente existen técnicas muy punteras de reciclaje para las baterías de los vehículos eléctricos y aprovechar individualmente sus componentes una vez finaliza su vida útil. También pueden ser reutilizadas para alimentar instalaciones fotovoltaicas.

Asimismo, deben presentar una comunicación previa al inicio de sus actividades ante el órgano competente de la comunidad autónoma donde tengan su sede social las entidades o empresas que transporten residuos con carácter profesional. El contenido obligatorio de las comunicaciones debe ser el siguiente:

- Datos de identificación de la empresa y de su representante legal, incluido CIF y CNAE.
- Contenido de la autorización que disponga en virtud de la legislación vigente en materia de transporte de mercancías.
- Residuos por transportar e identificados según el anexo 1 de la Orden MAM/304/2002, de 8 de febrero, por la que se publican las operaciones de valorización y eliminación de residuos y la lista europea de residuos.
- Cualquier otro dato de identificación necesario para la presentación electrónica de la comunicación.

8.2.3. Normativa acerca de vertidos contaminantes

Se consideran **vertidos** los que se realicen directa o indirectamente en las aguas continentales, así como en el resto del dominio público hidráulico, cualquiera que sea el procedimiento o técnica utilizada.

Está prohibido, con carácter general, el vertido directo o indirecto de aguas y de productos residuales susceptibles de contaminar las aguas continentales o cualquier otro elemento del dominio público hidráulico, salvo que se cuente con la previa **autorización** administrativa. Por tanto, las instalaciones y túneles de lavado de vehículos de las grandes empresas de transporte que cuenten con este servicio propio deben obtener una autorización específica que les permita las operaciones de limpieza que consideren necesarias.

Las autorizaciones se otorgan teniendo en cuenta las mejores técnicas disponibles y de acuerdo con las normas de calidad ambiental y los límites de emisión fijados normativamente. Se establecerán condiciones de vertido más rigurosas cuando el cumplimiento de los objetivos medioambientales así lo requiera.

La autorización de vertido no exime de cualquier otra que sea necesaria, conforme a otras leyes para la actividad o instalación de que se trate.

8.2.4. Normativa acerca de ruido ambiental

La afectación del ruido medioambiental o contaminación acústica está regulada por la Ley 37/2003.

El primer paso que establece la normativa para regular el ruido medioambiental es el establecimiento de diversos tipos de áreas acústicas, puesto que a cada una de ellas corresponderá una actuación distinta y adecuada a sus características. Así, están definidas las siguientes áreas:

- Sectores de uso residencial
- Sectores de uso industrial.
- Sectores de uso recreativo y de espectáculos.
- Sectores de uso del sector terciario.
- Sectores de uso sanitario, docente o cultural.
- Sectores afectados por estructuras del transporte.
- Espacios naturales protegidos.

El Gobierno define periódicamente los objetivos de calidad acústica aplicables a los distintos tipos de áreas acústicas. Para establecer los objetivos se tienen en cuenta los valores de los índices de inmisión y emisión, el grado de exposición de la población, la posible sensibilidad de la vida animal, el patrimonio histórico que pueda ser afectado y la viabilidad técnica y económica.

Asimismo, la normativa sobre contaminación acústica define el empleo de índices acústicos homogéneos correspondientes a las 24 horas del día, al período diurno, al período vespertino y al período nocturno.

Suelen existir normativas municipales que limitan la emisión de ruidos en el ámbito local, cuyo alcance viene determinado por su origen y ubicación:

- Circulación de los vehículos fuera de sus instalaciones.
- Movimiento de los vehículos dentro de las instalaciones de la empresa.
- Movimiento de otros equipos e instalaciones, como compresores, equipos de aspiración y lavado.

8.3. Implantación de un sistema de gestión medioambiental del transporte de mercancías

Al igual que sucede con la certificación de la calidad, también es posible y recomendable que una empresa dedicada al transporte tenga implantado un sistema de gestión medioambiental para dar respuesta a aquello requerido para obtener la norma ISO 14001, específica para este tema.

La gestión medioambiental del transporte de mercancías persigue la consecución de los **objetivos** siguientes:

- El cumplimiento de la legislación medioambiental europea e interna.
- La mejora continua de la protección del medioambiente.
- El control de las actividades de transporte orientado a la reducción del impacto medioambiental.

La consecución de estos objetivos permite la identificación, valoración y prevención del impacto medioambiental de las operaciones de transporte, alcanzables a partir de la ejecución de procedimientos internos fijados para llevar a cabo las actividades propias de la organización.

Un SGMA (sistema de gestión medioambiental) es un sistema estructurado que busca implantar y mantener activamente y con eficacia a lo largo del tiempo todos aquellos elementos de la gestión que definen la política medioambiental, definida y aceptada por la empresa:

- Estructura organizativa necesaria.
- Planificación de las actividades a llevar a cabo.
- Asignación de responsabilidades.
- Procesos prácticos y acciones para ejecutar.
- Recursos necesarios para cumplir con los objetivos propuestos.

Los sistemas de gestión medioambiental estipulan y concretan los recursos materiales necesarios que deben destinarse a este fin, así como la dotación de personal, en ambos casos desde una óptica de eficiencia y de obtención de los mejores resultados.

La implantación del sistema de gestión medioambiental permite cuantificar los riesgos medioambientales asumibles y contratar el seguro de riesgo más adecuado para desarrollar la actividad, dentro del cumplimiento de la ley; asimismo, permite a la empresa acceder a concursos públicos o conseguir un mejor posicionamiento estratégico frente a la competencia.

Sabías que

Las ruedas se trituran en máquinas industriales separando la materia en gránulos de cada tipo de material que lo compone, como el caucho o la fibra textil. Esta diversificación de materiales posibilita el envío a otras industrias que utilizan estos componentes para fabricar otros productos.

Figura 8.7. Planta de reciclaje y tratamiento de neumáticos de vehículos.

El manual para la gestión medioambiental contiene explícitamente detalles acerca de cómo hay que proceder en cada una de las funciones con responsabilidad o impacto en el medioambiente.

Ejemplo: Debe contener apartados como los siguientes, entre otros:

- Procedimiento para el establecimiento y revisión de objetivos y meta.
- Procedimiento para la gestión de comunicaciones.
- Procedimiento para la gestión de la documentación medioambiental.
- Procedimiento para el control de la recogida, almacenamiento y expedición de los residuos.

- Procedimiento para el control de las aguas residuales.
- Procedimiento para el control de las emisiones atmosféricas.
- Procedimiento para el control de los recursos naturales.
- Procedimiento para el control del ruido.

8.3.1. Jerarquía de residuos y economía circular

La política de un país en materia de residuos radica en rebajar al mínimo el impacto negativo que estos tienen para la salud humana y medioambiental. Esta política también considera la prioridad de lo que constituye mayores amenazas. En este sentido, desde el Parlamento Europeo se creó la Directiva 2008/98/CE, en la que se establece por primera vez la llamada jerarquía de los residuos, donde prevalece el reciclaje sobre la reutilización, de hecho, se han dedicado pocos recursos que permitan los procesos de reutilización de estos desechos.

Esto ha provocado que la logística y las plantas de tratamiento de residuos sean totalmente inadecuadas para preparar elementos que sean reutilizables a futuro.

Todos los procesos de fabricación tienen como resultado un impacto y coste ambiental. Para conseguir minimizarlo, la **economía circular** impulsa la optimización de los materiales y residuos prolongando su vida útil.

Los aparatos eléctricos y electrónicos son los que más deberían reutilizarse por la obsolescencia tan alta que tienen, sin embargo, cuando termina su duración y quedan inservibles no solo no se reutilizan, sino que ni siquiera en la mayoría de las ocasiones se desechan correctamente.

España legisló, mediante el Real Decreto 110/2015, los residuos de aparatos eléctricos y electrónicos. En él se indica que solo en el caso de que los aparatos no puedan ser devueltos al mercado serán reciclados. España es el primer país de la UE que recoge normativa específica de preparación para la reutilización.

Las nuevas tecnologías facilitan la gestión, recogida y tratamiento de desechos y materiales en el logro de una mayor sostenibilidad. En el caso del transporte, existen contenedores inteligentes que, a través de unos sensores, advierten que el depósito está lleno; también existen camiones eléctricos que están comandados por GPS y que optimizan las rutas de recogida y reparto. Todos estos avances frenan la huella de carbono mientras se ofrece un servicio más ajustado a las necesidades de los ciudadanos y el medioambiente.

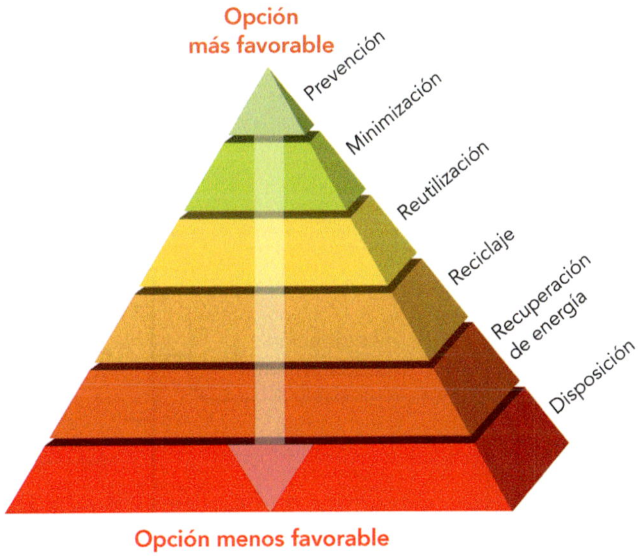

Figura 8.8. La jerarquía de residuos es un concepto que indica el tipo y la prioridad de tratamiento que debe recibir cada residuo.

Actividad propuesta 8.8

Material: Herramientas Office.
Contexto: Implantación de un sistema de gestión medioambiental del transporte de mercancías.
Cuestiones: Completa el texto con otros procedimientos que creas también implicados en la gestión medioambiental del transporte por carretera.

Mapa conceptual

IMPLANTACIÓN DE UN SISTEMA DE GESTIÓN MEDIOAMBIENTAL DEL SERVICIO DE TRANSPORTE

- **Implantación de un sistema de gestión medioambiental del transporte de mercancías**
  - El transporte constituye una importante fuente de emisiones contaminantes que inciden directamente en la polución de las grandes ciudades
  - Combustibles fósiles son hidrocarburos en estado líquido, como el gas o el petróleo. Producen el efecto invernadero
  - Políticas de la UE para convertir el transporte hacia emisiones cero
  - Generación de residuos contaminantes
    - Gestión de neumáticos fuera de uso. Regulado por el RD 1619/2005
    - Gestión de aceites fuera de uso. Regulado por el RD 679/2006
    - Prevención de residuos producidos por vehículos. Regulado por el RD 265/2021
  - Vertidos contaminantes
    - Agua y detergentes utilizados en la limpieza de los vehículos. Regulado por el RD 865/2003
  - Ruido medioambiental
    - Mapas estratégicos de ruido que informan sobre los niveles sonoros
- **Legislación medioambiental**
  - Normativa sobre emisiones contaminantes a la atmósfera. Está contenida en el RD 2042/1994
  - Normativa acerca de residuos. Ley 22/2011
  - Normativa acerca de vertidos contaminantes
    - Está prohibido el vertido directo o indirecto de aguas y de productos residuales susceptibles de contaminar las aguas salvo que se cuente con la previa autorización administrativa
  - Normativa acerca del ruido ambiental
    - Está regulada por la Ley 37/2003
- **Implantación de un sistema de gestión medioambiental del transporte de mercancías**
  - Un sistema de gestión medioambiental da respuesta a aquello requerido para obtener la norma ISO 14001
  - Jerarquía de residuos y economía circular
    - España es el primer país de la UE que recoge normativa específica de preparación para la reutilización
    - Indica la prioridad de tratamiento que debe recibir cada residuo

Actividades finales

De comprobación

8.1. Los motores de explosión de los vehículos emiten:

a) Monóxido de carbono.
b) Óxido de nitrógeno.
c) Dióxido de azufre.
d) Todas las respuestas anteriores son correctas.

8.2. Las operaciones de transporte generan como residuos contaminantes:

a) Cartones y envoltorios.
b) Plásticos y envases.
c) Neumáticos y aceites.
d) Hierros y maderas.

8.3. La gestión de los neumáticos fuera de uso:

a) Está prevista en los estatutos de las empresas.
b) Está prevista en el plan empresarial de prevención.
c) Está prevista en el manual de calidad.
d) No está prevista en ningún lugar.

8.4. La gestión de los aceites usados:

a) No está regulada.
b) Depende del criterio del transportista.
c) Requiere de un plan empresarial de prevención.
d) Está exigida por el mercado.

8.5. Al final de su vida útil, los vehículos de transporte:

a) Se abandonan.
b) Se entregan a centros CAT.
c) Se desguazan.
d) No existen normas.

8.6. Las aguas residuales del lavado de vehículos:

a) Pueden transmitir COVID-19.
b) Pueden transmitir paludismo.
c) Pueden transmitir legionela.
d) Son inocuas.

8.7. El índice de inmisión de ruidos indica:

a) La contaminación acústica de un lugar.
b) Las emisiones de ruidos del transporte.
c) Las partículas emisoras de ruidos.
d) El regreso o eco de los ruidos.

8.8. Los vehículos de transporte de más de 3,5 toneladas y más de diez años:

a) Pasan la ITV cuatro veces al año.
b) Pasan la ITV tres veces al año.
c) Pasan la ITV dos veces al año.
d) Pasan la ITV una vez al año.

8.9. El transporte profesional de residuos está:

a) Sujeto a inspecciones periódicas especiales.
b) Sujeto a inspecciones técnicas ordinarias.
c) Sujeto a inspecciones de la comunidad autónoma.
d) Libre de inspecciones.

8.10. El lavado de vehículos de transporte se realiza:

a) Al aire libre.
b) En las propias instalaciones del transportista.
c) En túneles de lavado.
d) En instalaciones autorizadas.

8.11. ¿Quién define los objetivos de calidad acústica?

a) El Parlamento Europeo.
b) El Gobierno.
c) Las comunidades autónomas.
d) Los ayuntamientos.

8.12. El sistema de gestión medioambiental busca:

a) Obtener la norma ISO 14001.
b) Obtener la norma ISO 09001.
c) Obtener la norma ISO 10001.
d) Obtener la norma ISO 12001.

De aplicación

8.13. A partir del modelo de cálculo presentado en el Apartado 8.1.1, calcula la cantidad de elementos contaminantes que lanzas a la atmósfera con tu propio vehículo o el de un familiar. Compara los resultados obtenidos con los resultados de los compañeros/as del aula. Establece una media clasificada por categorías: automóviles, motocicletas, otros.

8.14. Traslada a una diapositiva las diversas categorías de residuos contaminantes según las definiciones del Parlamento Europeo. Añade figuras u otros elementos de expresión gráfica de las consecuencias de cada uno de ellos.

8.15. Busca en la Ley el detalle específico de cómo debe actuarse respecto a la recogida y el vertido de neumáticos fuera de uso. Consulta a un experto, por ejemplo, un profesional de los repuestos, dónde, cómo y cuándo realiza las órdenes previstas en la Ley.

8.16. Busca en la Ley el detalle específico de cómo debe actuarse respecto a la recogida y vertido de los aceites del motor de los vehículos y otros lubricantes. Consulta a un experto, por ejemplo, un profesional de la mecánica, dónde, cómo y cuándo realiza las órdenes previstas en la Ley.

8.17. Busca en la Ley el detalle específico de cómo debe actuarse respecto a los residuos producidos por los vehículos al final de su vida útil. Consulta a un experto, por ejemplo, un profesional del desguace, dónde, cómo y cuándo realiza las órdenes previstas en la Ley.

8.18. Explica a tus compañeros/as los efectos sobre la salud humana de la legionela, en relación con los vertidos de aguas residuales procedentes del lavado de vehículos de transporte.

8.19. Identifica el mapa donde quedan señaladas las áreas de servidumbre acústica de tu comunidad autónoma. Comenta en el aula aquello que suponías de antemano y aquello que te haya sorprendido.

8.20. Esquematiza, por ejemplo, en un cuadro Excel, la frecuencia con la que deben someterse a la inspección técnica de vehículos (ITV) toda clase de vehículos. Destaca en diversos colores los que afectan al transporte de mercancías.

8.21. Imagina que vas a dedicarte al transporte profesional de residuos. Averigua cuál es el órgano competente en tu comunidad autónoma en relación con el inicio de actividades y qué pasos debes dar.

8.22. En la hipótesis de necesitar imprescindiblemente verter productos contaminantes, averigua dónde y cómo obtener la autorización en tu comunidad autónoma.

8.23. Tu empresa te ha delegado como responsable de la gestión medioambiental. El primer paso es construir el índice de un sistema de gestión medioambiental. ¿Cómo lo harías?

De ampliación

8.24. En el texto se califica la repercusión del impacto ambiental del ejercicio del transporte como «preocupante». ¿Crees que actualmente se toman las medidas necesarias para mejorar el impacto o, por el contrario, te parecen insuficientes? ¿Qué matices puedes citar respecto a ello?

8.25. Según tu parecer, la gestión medioambiental del transporte ¿es un coste para las empresas que asumen por obligación legal o bien la ven como una oportunidad para ganar en competitividad en el mercado? Argumenta debidamente las posibles respuestas.

8.26. Lee en internet el texto «Reflexiones sobre el alcance de la sustentabilidad y el uso y reciclaje de los neumáticos». Destaca los cinco o seis elementos que creas más importantes en relación con este tema.

8.27. En cuanto a los residuos producidos por los vehículos al final de su vida útil, haz una exposición de tu punto de vista acerca de las responsabilidades de fabricantes, distribuidores y usuarios transportistas finales. Comenta críticamente la normativa legal al respecto.

8.28. ¿Qué opinión te merece el ruido medioambiental que puede estar presente en tu población o ciudad? ¿Se han extremado las normas de corrección al respecto o bien crees que podría hacerse mucho más? Participa en un debate en el aula sobre este tema.

8.29. En el texto se explica la necesidad de que los transportistas profesionales de residuos se sometan a una inspección en la que se solicita el origen, la naturaleza, la cantidad y el destino de los productos transportados. Según tu punto de vista, ¿es estrictamente necesaria esta burocracia o es prescindible? ¿Qué propondrías en su lugar?

8.30. ¿Son suficientemente rigurosas las medidas establecidas para el control de las aguas contaminantes procedentes del lavado de vehículos? ¿Cuál es tu posición personal al respecto?

8.31. La implantación de un sistema de gestión medioambiental del transporte de mercancías, ¿debería ir unido al sistema de calidad o bien tiene su carácter y misión independiente? Razona las distintas posibilidades y comenta posibles ventajas, oportunidades o posibles inconvenientes.